三维水动力水质模型不确定性研究

伊　璇　郭怀成　著

国家水体污染控制与治理科技重大专项
（2013ZX07102-006）研究成果

科学出版社

北　京

内 容 简 介

不确定性是模型研究中的重要内容，虽然目前对于不确定性的研究已经出现了很多方法，但是复杂模型的不确定性的系统研究却依然匮乏。本书针对三维水动力水质模型提出一套"不确定性评价-参数自动估计-决策响应可能性评价"研究体系。书中以环境流体动力学模型为建模平台，以滇池湖泊为研究案例，通过构建滇池三维水动力水质模型开展不确定性的研究。首先采用 Morris 敏感性分析等方法对模型进行全局不确定性和敏感性分析，识别模型的不确定性分布和主控因子，以及模型不确定性的时空差异分析；然后，提出基于 BP 神经网络替代模型的多目标参数自动率定方法，降低参数率定的计算成本；最后，提出基于不确定性的水质响应可能性评价方法，在模型应用中考虑不确定性的影响水平。

本书可作为数理建模、水环境模型、水文模型等模型应用和研究领域的学者、技术人员和学生以及从事水环境管理、水文预报、环境科学等领域工作人员的参考用书。

图书在版编目(CIP)数据

三维水动力水质模型不确定性研究 / 伊璇，郭怀成著. —北京：科学出版社，2017.7

ISBN 978-7-03-053936-6

Ⅰ.①三… Ⅱ.①伊…②郭… Ⅲ.①水动力－水质模型－研究 Ⅳ.①P734.4

中国版本图书馆 CIP 数据核字（2017）第 165448 号

责任编辑：张　震　孟莹莹 / 责任校对：郑金红
责任印制：吴兆东 / 封面设计：无极书装

科　学　出　版　社 出版
北京东黄城根北街 16 号
邮政编码：100717
http://www.sciencep.com

北京厚诚则铭印刷科技有限公司 印刷
科学出版社发行　各地新华书店经销
*

2017 年 7 月第　一　版　　开本：720×1000　1/16
2018 年 1 月第二次印刷　　印张：11 1/8　插页：3
字数：224 000

定价：**86.00 元**
（如有印装质量问题，我社负责调换）

前　言

计算机的高速发展带动模型研究朝着精密化和复杂化方向前进，研究者对自然系统的探索也变得越来越精细和全面，模型研究进入了复合化和精细化的新时代。水环境系统作为人类生产活动和生活活动的重要依托，是人们一直关注的重点。尤其是当今环境污染、生态破坏和水资源短缺问题严重，更使得人们在对水进行使用、管理和修复时，要提前评估人类行为对水系统的影响程度，这需要依靠水环境模型这个重要的决策工具。然而，模型存在不可消除的"不确定性"，这导致人们往往对模型的预测结果存在质疑，如何辨析模型中的不确定性、评估不确定性对结果的影响、降低不确定性的风险，是每一个建模者需要考虑的问题。

自 20 世纪 20 年代首个水环境模型——BOD-DO 模型问世以来，水环境经历了近百年的发展，模型也从单一模拟变成了多维、复合型模拟。一大批成熟的模型涌现，包括 WASP、EFDC、CE-QUAL 等。虽然不确定性分析的研究也开展得如火如荼，但是复杂模型的研究却非常缺乏。多维复杂模型往往有维度高、因子多、变量多、非线性、交互性、计算慢等问题，模型自身由于各项因子的交互影响和非线性程度，也导致不确定性不减反增。

如何建立一套适合复杂模型的不确定性研究体系、选择适合的分析方法、评估不确定性对模型构建以及模型应用的影响，对复杂模型应用的普遍化至关重要。以此为目标，作者以 EFDC 为建模平台，构建滇池三维水动力水质模型，进行不确定性的创新型研究，提出一套"不确定性评价-参数自动估计-决策响应可能性评价"研究体系：①采用拉丁超立方法、Morris 敏感性分析和标准秩序回归系数法对模型进行全局不确定性和敏感性分析，同时研究不同情景和时空差异对敏感性分析的影响，使敏感性分析更加深入；②针对参数率定困难的问题，提出一套基于 BP 神经网络的多目标参数估计方法，实现模型参数的自动率定；③针对模型不确定性对决策结果的影响，提出多模式的决策达标可能性评价体系，从模型诊断、建模、应用 3 个层面对水动力水质模型进行系统分析，填补当前复杂水质模型不确定性研究的空缺。

未来也许会有越来越多的水环境模型出现，但是对模型不确定性的研究是必需的。相对于其他领域，水环境模型的不确定性研究还处于起步阶段，希望本书的工作可以在不确定性研究领域有所贡献。尽管人们当前无法完全消除不确定性，但是可以认识它们，并将其控制在一定范围内。

作　者

2017 年 2 月

目　　录

第1章 绪 论

1.1 研究背景

人类所处的环境具有大量的偶然或必然随机性因素，由于人类对自然的认知能力有限，对于不确定性规律的研究成为人类认识自然规律的有效手段。水系统是一个充斥着各类不确定性成分的复杂巨系统（张质明，2013），目前人们尚未完全了解它的内在机制。水系统不仅包括水文水动力现象，还涵盖泥沙、沉积物、污染物、微生物和水生生物等多种因素及其相互作用机制，是一个集物理、化学、生物和其他综合领域的体系。此外，水环境系统还受到外界自然条件以及人类活动的影响。长期以来，科学家一直不断探索水环境系统的变化过程和水质变化规律，以此为改善和保护水质提供定量化依据。研究人员试图通过建立水质模型来反映真实水环境系统，然而无论多么复杂的模型，其总是基于人类对真实系统认知的简化，这就造成水质模型存在多方面的不确定性。尽管无法真正消除不确定性，但是对模型不确定性的研究可以在一定程度上甄别有规律的现象和不确定性的影响范围，以此提高人们对水环境系统的认识，并进一步做出更加可靠的管理决策。

计算机的发展和数据收集技术水平的提高加速了人们开发更加复杂水质模型的步伐，复杂模型被认为可以更准确地反映水体的动力状态和生化活动（Castelletti et al., 2010）。这些模型包含大量参数，并且计算成本较高。虽然有些参数的取值可以通过直接观测或测量获得，然而更多的参数需要进行参数率定（Pinder et al., 2009）。参数数量的增加带来的模型复杂程度的增大向人们提出了更高的计算要求，并且，参数之间高度交互性和目标空间的不确定非凸性提高了参数率定的难度（Gupta et al., 1998；Herman et al., 2013a）。此外，输入数据、模型结构、观测资料、性能指标（performance evaluation）等的误差都对参数估计造成不确定性。日益复杂的模型结构带来的大量参数在面对匮乏的观测资料时，往往导致"过度参数化"（overparameterization）（Kuczera and Mroczkowski, 1998；Brun et al., 2001）问题，而模型的非线性结构使得很多参数具有交互作用，从而出现"异参同效"

（Beven, 2001a, 2006）问题，即模型参数率定时不同的参数组合可以得到结果相同或相似的模型输出。研究表明，只有一小部分参数控制了模型输出的大部分变化（Morris et al., 2014），因此，如何识别有影响力的参数对模型率定和结构认识具有重要意义。

然而，即使筛选出有效参数，模型的参数率定依然是一个严峻的考验。其一，大量参数导致"维数灾难"；其二，模型单次运算时间长，传统的优化方法在率定参数时迭代次数可能高达几千或几万次，计算成本过高；其三，水质模型往往有多个输出指标需要率定，常为多维目标问题。由于计算成本问题，自动率参一直是复杂水质模型的难点之一，目前复杂的水质模型依然依靠手动调参。替代模型或元模型（surrogate model or metamodelling）是解决复杂动态模型优化的常见方法之一，被广泛应用于经济、环境、流体、航空器设计等方面（Forrester and Keane, 2009；Arena et al., 2010；Castelletti et al., 2010；Castelletti et al., 2012a；Li et al., 2012；Razavi et al., 2012）。通过对原始复杂模型进行替代或仿真，可以大大缩短计算时长，目前在水文模型参数率定上也开始使用这种方法（Song et al., 2012a；Burrows and Doherty, 2015；Gong et al., 2015）。多维水质模型常常需要数小时的运算时间，如何有效地进行参数率定是构建模型的关键。

如前所述，水质模型的多参数估计问题常常有"异参同效"和"过度参数化"的现象。模型的参数、数据和结构的不确定性本质使得建模者很难降低模型的不确定性。确定型模型的分析手段是基于"最佳参数"得到的"what-if"情景（Hogrefe and Rao, 2001；Foley et al., 2012）。但是，鉴于模型外部（输入、观测数据等）和内部（模型结构和参数）的不确定性，模型在应用时还需评估其风险，通常，估算一个事件的发生概率（可能性），往往用判断"最佳"参数是否最佳的方法更加可靠（Pinder et al., 2009；Foley et al., 2012；Wellen et al., 2015）。此外，参数化往往基于历史数据，但是分析未来情景时可能会存在偏差。并且，水质观测模型较流量来说存在更大的误差，这源于水质检验的限制，而这些不确定性往往被人们忽视。不同的参数组合在一定程度上可以理解为不同的水体内部规律，虽然在模型输出上会具有相似的结果，但是却可以反映出不同的效果。

模型的不确定性分析有助于提高人们对模型和系统的认识，然而模型的复杂性限制了其适用范围。如何降低模型的复杂性、提高其计算速度和适用范围在实际管理生产中具有重要意义。一般来说，模型简化手段有两种：其一是忽略原始模型的细节、仅保留原始模型的主要框架（Forrester and Keane, 2009；Razavi et al., 2012）的低保真度模型（lower-fidelity model）；其二是采用数据驱动模型（data driving model，DDM）近似模型响应，也可以称为元模型（metamodellings）（Blanning，1975）。在实际管理中，管理者往往无需知道所有细节，因此，将模型简化会提高工作效率。

  湖泊是人类赖以生存的水源之一，关系着人类的生产和生活。同时，湖泊在蓄水防洪、维护生物多样性、调节气候和地表径流等方面也具有不可替代的功能。中国约有湖泊 2 万个，占全球天然湖泊总数的 1/10 左右，水面总面积超过 8 万 km^2。其中，水面面积大于 1km^2 的湖泊有 2300 多个，水资源量超过 7000 亿 m^3。淡水水资源量为 2250 亿 m^3（马荣华等，2011）。然而，随着经济发展和人口的增长，生产生活排放的污水量日益增加，造成水体水质恶化，严重影响了湖泊供水等服务功能。其中，富营养化（eutrophication）是世界上较严重的水污染问题之一（Carpenter et al.，1995；Smith et al.，1997，2006；Schindler，2006；Carpenter and Lathrop，2008；Conley et al.，2009）。过量的营养物质（氮、磷）流入水体，给水体系统带来巨大的风险（Carpenter and Lathrop，2008）。有害藻类暴发（harmful algae blooms）、缺氧（hypoxia）和鱼类死亡（fish kill）带来巨大的经济和生态损失（Carpenter and Lathrop，2008）。例如，全球每年因此造成的渔产损失高达 1700 亿美元（Partnership On Nutrient Management，2013）。世界范围内遭受富营养化问题的水域面积处于总体上升水平，亚洲有 54% 的水体面临富营养化问题（Selman and Greenhalgh，2009）。据统计，2014 年中国 61 个国控重点湖泊（水库）中，有两个为中度富营养化，13 个为轻度富营养化（图 1.1）。面对如此严峻的湖泊高富营养化问题，如何有效改善水体水质、恢复水生态系统、切实保护好水环境，已成为流域水质综合管理的首要任务。

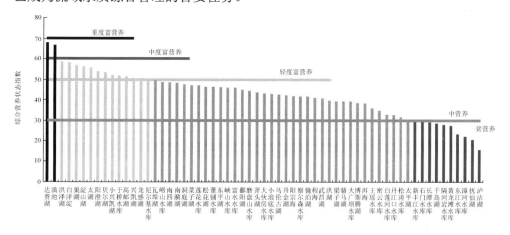

图 1.1 2014 年重点湖泊（水库）综合营养状态指数（环境保护部，2015）

滇池是中国"三河、三湖、一水、一库"之一。20 世纪 80 年代以来，滇池水质逐渐恶化，迄今，富营养化已成为滇池的主要环境问题。因此，对滇池开展三维水动力水质模型及其不确定性研究，对滇池的水污染和高富营养化控制具有关键作用，可以为地方政府管理部门提供科学的管理依据和技术支持。

1.2　研究意义与目的

1.2.1　研究意义

本书以三维水质水动力模型为平台，以复杂水质模型面临的两大问题，即复杂模型的不确定性问题和计算成本高的问题为关注点，通过对模型不确定来源分析以及模型简化等问题的探讨，深入了解模型运行规律并提高模型在进行实际应用时的鲁棒性和可行性，为应用复杂三维水动力水质模型提供不确定性研究基础。

本书的研究意义在于寻找合适的方法评价复杂三维水质模型不确定性，并评价不确定性对模型决策的影响，为今后降低模型不确定性和其带来的风险提供理论基础。本书将对以下 3 个问题依次进行阐述，包括模型的诊断、构建、应用 3 个层次：

（1）复杂水质模型的不确定性来源及模型运行的主要控制因子是什么？

水质模型的不确定性主要包括模型参数的不确定性和输入条件的不确定性，这些控制因子的不确定性对模型运行过程和输出结果是如何影响的？对于一个多维动态复杂模型，模型主要影响因子（influential factors）是否存在时空差异性？在不确定性分析中，是否存在一些普适性规律？

（2）多输出指标、计算成本高的复杂模型如何进行参数估计？

多维水动力水质模型通常有多个水质输出结果，且运算时间长达数十分钟甚至数小时。传统的优化方法需要上千甚至上万次迭代来达到满意的效果，过长的计算时间使得模型自动率参成为研究难点之一。如何针对计算缓慢的问题进行参数估算？多输出目标下的参数估计如何进行权衡？

（3）如何评估不确定性对模型决策结果的影响？

人类认知的局限性导致模型与实际系统之间存在偏差，因此无法避免基于模型的决策在实际问题上的不确定性。一般来说，决策者往往使用一组"最好的"参数代表系统响应并基于该模型做出决策，然而系统响应的模拟模型是否存在其他的可能性（possibility）？如果有其他的可能性，那么如何找到这些具有现实意义的可能情况？在模型的多种可能性下（也就是不确定性），如何正确评估不确定性在决策管理中的影响？

1.2.2 研究目的

本书以高污染湖泊——滇池为例，基于三维水动力水质模型[选择环境流体动力学模型（environmental fluid dynamics code，EFDC 模型）]构建湖泊三维模型，针对模型的不确定性和计算成本高的问题，通过模型内部不确定性和敏感性分析、基于替代模型的参数率定、基于不确定性的水质响应分析三部分研究，实现以下研究目的：

（1）通过对模型参数及外部驱动力的不确定性和敏感性研究，确定模型的不确定来源以及模型控制因子对结果的影响。通过分析敏感性筛选不同水质指标的敏感参数和驱动力，寻找不同情境和时空差异的敏感性结果的规律，从而了解模型的控制规律，实现模型诊断（model diagnostics）。

（2）针对三维水质模型的计算成本高和多输出指标的问题，开发一套新的基于替代模型的多目标参数估计方法，解决复杂模型的参数自动率定问题。

（3）寻求再现历史情况的多种可能性内部动力学机制（以参数表达），探讨基于不确定性的水质响应可能性问题（以负荷削减为情景）。

1.3 研究内容与方法

1.3.1 EFDC 模型不确定性与敏感性分析

基于拉丁超立方抽样（Latin hypercube sampling, LHS）的不确定性分析方法、Morris 敏感性分析方法（以下简称 Morris 法）和标准秩序回归系数（standardized rank regression coefficients, SRRCs）法 3 种全局敏感性分析方法，对模型参数和外部驱动力进行不确定性和敏感性分析，识别模型不同状态情景下的敏感因子，并对模型进行诊断。

首先，对模型参数进行不确定性研究，采用拉丁超立方抽样法进行样本生成，带入模型计算参数对模型输出的不确定性影响。然后采用 Morris 法对 47 个模型参数和 7 个外部驱动力进行敏感性分析。在分析之前，对 Morris 法的样本数量、取值范围以及输出度量进行比对分析，研究不同参数设定情景下的统一性。接着，基于 Morris 敏感系数，对多维模型进行时间和空间敏感性差异研究，探索不同空间位置（水平和垂直方向）以及不同时间段敏感性的变异情况，研究驱动模型中控模块的因子是什么。针对不同的水质指标（Chla、DO、TN 和 TP）[1]筛选的敏感性参数，对比 Morris 法与 SRRCs 法的结果，验证不同敏感性方法的可靠性。最后，单独对 8 个驱动力（入湖流量、出湖流量、温度、风速、碳负荷、氮负荷、磷负荷、初始水位）进行不确定性分析和敏感性分析，仍然采用蒙特卡罗模拟（拉丁超立方抽样）进行模型抽样和模拟，分析外部驱动力对水质输出的不确定影响，采用 SRRCs 法进行敏感性分析，分析不同驱动力对结果的定量贡献，进而筛选出敏感性因子。

1.3.2　基于替代模型的多目标参数估计

复杂水质模型往往采用人工调参的方法进行参数率定，然而这种方法需要研究者对水质模型有很深入的了解，且往往无法得到一个较好的结果。自动调参是水文模型常用的方法，然而面对运算时间较长的复杂模型，直接将优化算法与模拟模型耦合进行参数率定的方法因为过于费时而无法在实际工作中使用。因此，本书尝试采用替代模型的方式，解决模型运算成本高的问题。替代模型常用于解决复杂模型计算困难的问题，通过替代模型模拟复杂模型的输入-输出关系，进而减少与优化模型耦合时的计算问题。这种研究方法被广泛应用于管理问题，目前已有部分复杂模型采用替代模型进行不确定性分析和参数估计。本书采用反向传播神经网络（back propagation artifical neural network, BP-ANN，以下称为 BP 神经网络）替代模拟模型进行 EFDC 模型的参数率定。此外，由于水质模型的多输出指标特性，在参数估计时，需要考虑各指标的拟合效果。因此，本书采取多目标优化的参数估计方法，通过确定不同指标的权重将多目标问题转换为单目标问题，最后采用遗传算法进行求解。

1.3.3　基于不确定性的水质响应可能性评价

模型的参数不确定性导致单一参数值与实际情况存在偏差，因此，在模型应用中需要考虑不确定性。本书针对负荷削减情景探讨模型的水质响应达到既定目标的可能性。

采用拉丁超立方抽样法抽取 10 000 个参数样本，用以代表全局可能性。由于全局样本与实际情况差别较大，需要对其进行可行性筛选。对 10 000 个参数进行

---

① Chla 为叶绿素 a；DO 为溶解氧；TN 为总氮；TP 为总磷。

条件概率投影（conditional probabilistic projections），以均方根误差（root mean square error, RMSE)表示模型的模拟效果，以 1.05 倍初始率定的滇池模型的 RMSE（Wang et al., 2014a）作为筛选标准（该初始模型结果已被接受为准确模拟滇池水质状况）。可以同时满足 4 个水质指标（Chla、DO、TN、TP）的样本为最后的可行样本（behavioral samples）。

对可行样本进行负荷削减的情景分析时，本书称该类模型为概率型水质模型（probabilistic water quality model)，以区别确定性水质模型（determinstic water quality model)。情景设计包括 1 个基准情景和 3 个削减情景，其中 3 个削减情景分别为负荷削减 54%、负荷削减 66%和负荷削减 80%，依次对应水质目标 V 类、IV 类和 III 类水。

由于滇池是一个底泥高度富营养的浅水湖泊，在较长的时间周期内，底泥对水体污染物的贡献量较大。因此，考虑负荷削减时应该从长时间尺度进行，使湖泊可以达到一个较稳定的状态。本书设定运行 40 年概率型水质模型，从而进行水质响应可能性评价。

1.4 技 术 路 线

本书针对复杂水质模型的不确定性和计算成本高两个问题，提出"模型本身研究"和"实际决策问题"结合的研究体系：一方面，立足于模型本身研究模型的不确定性源头以及模型参数方法；另一方面，立足于模型应用探讨在实际决策环境中基于不确定性的决策风险问题。本书针对复杂水质模型具有的问题的特性，基于模型内部分析和外部应用研究，提出一套科学的技术手段和方法。

本书的研究技术路线参见图 1.2。首先，建立滇池 EFDC 水动力水质模型，在该模型基础上，通过 Morris 法和 SRRCs 法，分析参数和外部输入对湖泊水质的敏感性，并以拉丁超立方抽样为计算基础，分析模型不确定性；然后，选择敏感性参数为输入、模型模拟效果（model performance）为输出建立参数和模型模拟效果的关系，以 BP 神经网络替代模型研究复杂模型参数率定的方法；最后，针对模型不确定性问题，以负荷削减的水质响应情景为对象，基于不确定性评价水质响应的可能性。

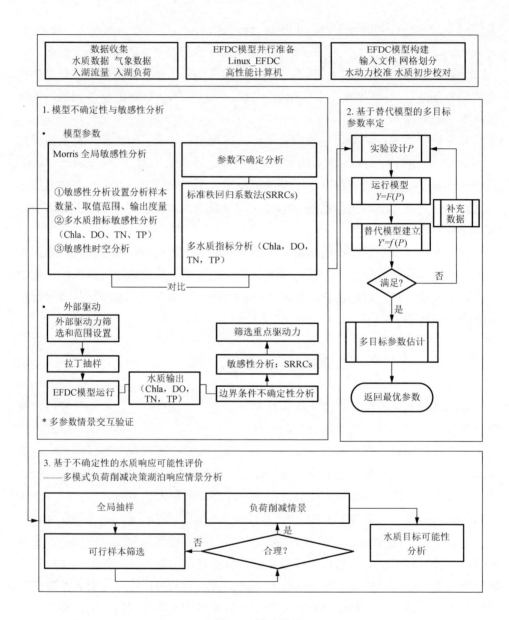

图 1.2　技术路线

第 2 章　国内外研究进展

2.1　水　质　模　型

2.1.1　水质模型发展历程

水质模型的发展历程可以划分为以下 3 个阶段（Thomann, 1998；徐祖信和廖振良, 2003）。

1. 单一模型阶段（1925～1980 年）

第一阶段为单一模型阶段，主要研究水体本身各组分的相互作用，将点源、非点源、底泥和其他边界条件等都合并为输入条件。其中，只有点源可以作为模型的直接输入。这一阶段大体上又可以划分成 4 个部分。①1925～1965 年，有学者开发 BOD-DO[①]耦合模型（S-P 模型）并提出了各种修正和补充（Kinelbach, 1987；程声通和陈毓龄, 1995）。其中，Thomas 于 1948 年在稳态的 S-P 模型中引入沉淀-再悬浮系数，以反映有机物运动时发生沉淀、絮凝、冲刷和在悬浮过程中对河水的耗氧及复氧的影响。Dobbins-Camp 通过在 Thomas 方程上增加常数项，表示河坡面径流、底泥耗氧、藻类光合和呼吸作用的影响。O'Connor 于 1967 年假定总的 BOD 是由碳化 BOD 和硝化 BOD 两部分组成，从而得到 Thomas 修正式。②1965～1970 年，研究人员除了进一步开展 BOD-DO 模型估参外，还开始发展二维模型，用于模拟湖泊及海湾。③1970～1975 年，研究人员的研究对象从有机物扩展到营养盐以及浮游动植物的生长等方面。④1975～1980 年，研究人员大大增加了模型中的状态变量，模型的空间尺度发展到三维，并涉及水生生物食物链和有毒物的作用。可见，第一阶段主要是解决流域点源污染对水体水质及水生态的影响问题。

2. 耦合模型阶段（1980～1995 年）

第二阶段为耦合模型阶段，开始将水质模型与其他模型耦合，其主要特点如下：①状态变量的数量显著增加；②将水动力模型耦合水质模型；③底泥的变化

---

① BOD：生物化学需氧量。

过程成为模型的一个组成部分（O'Connor et al., 1983）；④将流域水文模型与水质模型耦合起来，使面源污染成为模型的初始输入。这一阶段模型的特点反映了该阶段流域管理的重点任务：控制流域面源和内源以实现水体的水质目标。这一阶段通过耦合其他模拟系统，降低了模型预测的主观性。

3. 综合模型阶段（1995 年至今）

第三阶段为综合模型阶段，将更多的界面过程融入水质模型中（李继选和王军，2006；冯民权等，2009）。尤其是控制大气干湿沉降中的污染物对水体水质的影响，除了评估直接沉降到水体的污染物外，还要从流域的角度评估沉降到陆域上的最后又通过流域的迁移转化过程进入水体的污染物。这是现阶段的一个热点问题，但是，对于国内许多湖泊来说，点源和面源污染问题依然十分严重，是主要的污染源。

2.1.2　常见的水质模型

常见的水质模型包括水质分析模拟程序（water quality analysis simulation program，WASP）、QUAL、MIKE、EFDC 等（表 2.1）。

表 2.1　常见水质模型特点

水质模型	维数	适用湖泊形态	模拟水质指标	模拟时间	成本
Vollenweider 箱模型	0	面积小、水深浅、封闭性强、四周污染源多的小型均匀混合水体	N、P	小	无
CE-QUAL-W2 模型	2（v）	相对窄深和考虑分层的湖泊	C、N、P 的各种形态、保守示踪剂、大肠杆菌、SS、浮游植物、植物病原体、碱度、铁、DO	中	无
MIKE21 模型	2（h）	湖面开阔、湖深较浅的湖泊	温度、细菌、N、P、DO、BOD、藻类、水生动物、岩屑、底泥金属等	中	费用高
WASP 模型	1,2,3	所有湖泊	BOD、DO、P、N、SOD、藻类、固着生物、有机污染物、重金属、底泥、温度、Hg、病原体	大	无
EFDC 模型	1,2,3	所有湖泊	COD、NH_3-N、TP、藻类等 22 种水质变量	大	费用较高

注：（v）表示垂直的；（h）表示水平的；SOD 表示沉积耗氧量；COD 表示化学需氧量；SS 表示悬浮物

Vollenweider 箱模型属于零维完全混合模型，富营养化状态只考虑营养盐负荷，入湖与出湖水量相等。根据质量守恒原理，水质变化等于入湖含量减去出湖含量再减去降解（或沉淀）损失量。Vollenweider 箱模型的本质是一个关于营养盐长期平衡的方程，可以表述如下：

$$C = \frac{W/V}{\sigma + \dfrac{Q_{out}}{V}} = \frac{L}{f\sigma + f/t_r} \qquad (2.1)$$

式中，t_r 为入湖水在湖泊中的滞留时间（a）；Q_{out} 为湖泊的出流量（m^3/a）；V 为湖水的体积，$V = f \times A$，f 为湖泊的平均深度（m）；A 为湖泊的表面面积（m^2）；σ 为营养盐（TN 或者 TP）的沉淀率（每年）；C 为营养盐（TN 或者 TP）的浓度（mg/L）；W 为营养盐（TN 或者 TP）的年流入量（g/a）；L 为营养盐（TN 或者 TP）的表面负荷，$L = W/A$。

CE-QUAL-W2 模型是二维纵向和垂向模型，适用于狭长和垂向分层的水体的水动力和水质模拟。该模型直接耦合水动力模块和污染物输移模块，其水质模型控制方程如下：

$$\frac{\partial BC}{\partial t} + \frac{\partial(uBC)}{\partial t} + \frac{\partial(wBC)}{\partial t} = \frac{\partial\left(BD_x\dfrac{\partial C}{\partial x}\right)}{\partial x} + \frac{\partial\left(BD_z\dfrac{\partial C}{\partial z}\right)}{\partial z} + B(C_q + S) \qquad (2.2)$$

式中，C 为横向平均水质变量浓度（mg/L）；t 为时间（s）；u 和 w 分别为 x 和 z 方向上的速度分量（m/s）；B 为时间空间变化的层宽（m）；D_x 和 D_z 分别为 x 和 z 方向上温度和浓度的扩散系数（m^2/s）；C_q 为入流或出流的物质流量率[mg/（L·s）]；S 为相对组分浓度的源汇项[mg/（L·s）]。

MIKE21 模型是由丹麦水动力研究所开发的平面二维动态流模型，适用于水面开阔的湖泊或水库。该模型操作简单，前后处理性能强大。该模型可以定义多种水体边界条件，并能够区分干湿单元和节点。MIKE21 模型的污染物质输移转化的动态方程如下：

$$\frac{\partial(hC)}{\partial t} + \frac{\partial(uhC)}{\partial x} + \frac{\partial(vhC)}{\partial y} = \frac{\partial}{\partial x}\left(E_x h\frac{\partial C}{\partial x}\right) + \frac{\partial}{\partial y}\left(E_y h\frac{\partial C}{\partial y}\right) + S + F(C) \qquad (2.3)$$

式中，C 为污染物质浓度（mg/L）；u 和 v 分别为 x，y 方向的流速分量（m/s）；E_x 和 E_y 分别为 x，y 方向扩散系数（m/s）；S 为源汇项[g/（m^2·s）]；$F(C)$ 为生化反应项[g/（m^2·s）]。

WASP 模型是美国国家环境保护局主持开发的动态多箱式模型，可进行一维到三维的模拟，适用于湖泊、河口等多种水体。其思路是将水体分为完全混合的单元，各单元内部基于质量守恒定律求解方程。WASP 常用如下水质模型：

$$\frac{\partial(AC)}{\partial t} = \frac{\partial\left(-U_x AC + E_x A\dfrac{\partial C}{\partial x}\right)}{\partial t} + A(S_L + S_B) + AS_k \qquad (2.4)$$

式中，C 为组分浓度（mg/L）；t 为时间（s）；A 为截面面积（m^2）；U_x 为纵向速度（m/s）；E_x 为纵向弥散系数（m²/s）；S_L、S_B 和 S_k 分别为弥散负荷率、边界负荷率和总动力输移率[mg/（L·s）]。

　　EFDC 模型是多参数有限差分多维地表水质的模型，适用于湖库、湿地、河口和海洋等多种水体。该模型包括水动力、风浪、泥沙、水质、底泥等模块。该模型系统由 FORTRAN 语言编写而成，包含 1 个主程序和 110 个子程序。EFDC 模型如下：

$$\frac{\partial C}{\partial t} + \frac{\partial(uC)}{\partial t} + \frac{\partial(vC)}{\partial t} + \frac{\partial(wC)}{\partial t} = \frac{\partial\left(K_x\frac{\partial C}{\partial x}\right)}{\partial x} + \frac{\partial\left(K_y\frac{\partial C}{\partial y}\right)}{\partial y} + \frac{\partial\left(K_z\frac{\partial C}{\partial z}\right)}{\partial z} + S_c \quad (2.5)$$

式中，C 为水质变量浓度（mg/L）；t 为时间（s）；u、v 和 w 分别为 x、y 和 z 方向上的速度分量（m/s）；K_x，K_y 和 K_z 分别为 x、y 和 z 方向上的湍流扩散系数（m²/s）；S_c 为单位体积上的内部和外部源汇项[mg/（L·s）]。

　　近年来，国内一些学者也开始尝试开发水质模型，如河海大学开发的河网水量、水质统一的 Hwqnow 模型（徐贵泉等，1996），左其亭和夏军（2002）提出了一种简单实用的多箱模型（multi-box modeling）方法构建陆面水量、水质和水生态耦合模型。

2.2　模型的不确定性和敏感性分析

2.2.1　水质模型不确定性分析

　　水质模型的不确定性主要包括数据、模型结构和参数的不确定性。各种不确定性的相互组合降低了模型的可靠程度，分析模型的不确定性是评价一个模型的关键步骤。数据不确定性主要是由建模的水质、水文、气象等数据资料的误差造成，主要包括：原始数据的准确度、缺失数据处理方法的不确定性以及时间序列固有的变异性等（张质明，2013）。模型结构的不确定性源于人类对系统认识的局限性，由于模型是对真实系统的简化和概述（Pinder et al.，2009），在建模时需要提出假设并概化边界条件（邢可霞和郭怀成，2006），建模过程存在不确定性。针对同一个研究问题，往往会有多个模型可供选择，而不同模型之间存在差异性，因此，模型结构的选择也具有不确定性（Lindenschmidt et al.，2007）。模型参数的不确定性是研究最广泛的不确定性，因为模型的参数无法全部通过测量获得而需采用参数数学率定的方式确定参数取值。然而，水质模型往往需要大量的参数，这大大提高了模型的不确定程度。参数之间的交互性使得模型常常存在异参同效的问题，导致人们无法判断参数是否符合真实情况。此外，监测数据的不确定性使得人们无法判断参数是否最优，这也是不确定性的来源。

一般来说，不确定性分析方法分为区间法、模糊理论法和概率法。区间法适用于只知道取值范围的情况。但是，已知概率分布时，这种方法往往会丢失有用的信息（邢可霞和郭怀成，2006）。模糊理论法用于解决具有模糊性的不确定性问题，模糊理论通过隶属度来表达模糊的从属关系，它可以根据参数的隶属级别定性描述隶属度。概率法是最为常见的不确定性分析手段（张质明，2013），它根据模型输入的概率分布确定输出的概率分布，从而以概率形式表达不确定性。

水质模型不确定性分析目前来说还不是很多。例如，识别 QUASAR 模型重点参数及不确定性条件下的数值变化范围（Yu et al., 2015a）；Kanso 等（2006）将蒙特卡罗马尔可夫链模拟方法（以下简称 MCMC）运用在城市径流模型中，在率定过程中发现模型的不确定性非常大；张质明（2013）对 WASP 模型进行不确定性分析并基于 MCMC 实现参数的率定。近年来，通过替代模型的方式进行不确定性分析成了一种新的趋势（Yu et al., 2015b），这类方法可以减少模型的计算成本。

2.2.2　敏感性分析

敏感性分析（sensitivity analysis，SA）广泛应用于识别模型主要控制输入因素上（Saltelli et al., 2004；Janse et al., 2010；Makler-Pick et al., 2011；Nossent et al., 2011；Ciric et al., 2012；Neumann, 2012；Sun et al., 2012）。它源自于水文模型研究并逐步发展到其他生态模型和环境模型上。

敏感性分析分为局部敏感性分析（local SA）和全局敏感性分析（global SA）（图 2.1）。局部敏感性分析对模型进行一阶偏导数求解，其主要限制是模型在取值

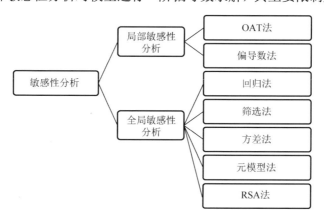

图 2.1　敏感性分析方法分类

范围内的可导性以及局部方法可能无法反映整个取值空间中的敏感程度。全局敏感性分析避免了局部敏感性分析方法的局限性，但计算成本较高。日益发展的计算机水平为全局敏感性分析方法提供了可行出路。全局敏感性分析的主要优势体现在：①能够评估参数间的相互联系；②结果更加真实；③适用于线性和非线性模型（张质明，2013）。

2.2.2.1 局部敏感性分析

1. OAT 法

OAT（one-at-a-time）法是一种最常用的敏感性分析。对每个参数依次产生一个扰动观察其对模型输出结果的影响，同时，其他参数保持不变。这种方法思路简单，计算量少，缺乏参数间相互作用的评估能力，一般仅用于可以被一阶多项式替代的模型（Ahmadi et al., 2014）。Kannan 等（2007）采用 OAT 法对 SWAT（soil and water assessment tool）模型进行参数的敏感性分析，Arnold 等（1993）在大气污染模型上基于 OAT 法进行了搜索实验。该方法由于计算简便，经常用于简单评价模型行为。

2. 偏导数法

偏导数法（patial derivative-based method）是一种最基础和直观的局部算法。它通过测算参数 X_i 对模型输出 Y 在特定基点上的偏导数 $(\partial Y / \partial X_i)_{X_i = X}$ 进行敏感性分析（甘衍军，2014）。Pastres 等（1997）利用偏导数法对一维水质扩散响应模型进行敏感性分析。Castillo 等（2007）采用综合偏导数法对一些线性和非线性规划问题进行局部敏感性分析。Griewank 和 Walther（2008）等对偏导数法进行了综述。

2.2.2.2 全局敏感性分析

全局敏感性分析可以探索因子在整个维度空间中的影响，从而适用于因子之间具有相关关系或因子和模型输出间是非线性关系的模型（Saltelli et al., 2008）。全局敏感性分析的主要缺点在于计算量较大（Campolongo et al., 2007），因此，它在复杂的水质模型中的应用还不多见。

Makler-Pick 等（2011）总结了选择敏感性分析方法的主要条件：①计算费用；②是否可以考虑因子相关性；③是否适合非线性或非单调的模型；④分析需要的数据需求；⑤是否可以使用输出进行敏感性分析。主要的全局敏感性分析方法如表 2.2 所示。

表 2.2 全局敏感性分析概况与对比

项目	回归法	Morris 法	方差法	元模型法	RSA 法
抽样设计	蒙特卡罗法	Morris OAT 抽样设计	伪随机抽样（LHS, FAST）	蒙特卡罗法，LHS，Sobol 伪随机抽样	蒙特卡罗法
计算要求	m 低	$r(n+1)$ 低	$m(n+2)$~$m(2n+2)$ 高	m 低	取决于过滤准则
敏感评估特征	定量	定性/筛选	定量	定量	定性
适用性	线性模型或单调模型（R^2）	模型独立	模型独立	模型独立	模型独立
可靠性	取决于 R^2	高	高	取决于 R^2	低
是否考虑参数交互	取决于回归形式	是/定性	是/定量	是/定量	否
能否应对非线性	取决于回归形式	是	是	是	是

注：r 代表轨迹数量；m 代表样本大小；n 代表因子个数；RSA（regionalized sensitivity analysis）为区域敏感性分析

资料来源：Yang, 2011；Song et al., 2015

1. 回归法

回归法（regression-based method）是通过建立模型参数与模型输出回归方程的标准回归系数（standard regression coefficients, SRCs）或者标准秩序回归系数（standardized rank regression coefficients, SRRCs）评估因子敏感性的一种方法（Saltelli et al., 2004）。SRCs 公式如下：

$$(y - \overline{y}) / s = \sum_{i=1}^{k} (b_i s_i / s)(x_i - \overline{x}_i) / s_i \qquad (2.6)$$

式中，x_i 和 y 分别是第 i 个输入因子和其对应的模型输出；$\overline{x}_i$ 和 s_i 分别是 x_i 的平均值和标准差；$\overline{y}$ 和 s 分别是 y 的平均值和标准差；系数 $b_i s_i / s$ 是第 i 个因子的标准回归系数。标准回归系数的平方 SRC_i^2 代表输入因子对输出的影响。当输入因子相互独立时，SRCs 代表敏感性指标。该方法适用于线性模型，也就是 $R^2 > 0.7$（Saltelli et al., 2004；Manache and Melching, 2008），若 R^2 过小则不确定性越大（Sin et al., 2011）。

该方法的优点是当所有参数同时影响输出时，可以评估每一个参数的敏感性。然而，当模型为非线性或非单调时，无法采用该方法评估。虽然可以将变量转换为定性的次序进行分析（SRRCs 法），但该方法不适合非单调模型，且结果无法转变回原来的模型。此外，当因子数量过大时，该方法也不适用（Saltelli et al., 2008）。回归法常应用于水文模型分析，李一平等（2014，2015）采用该方法对

EFDC 水动力模块进行了驱动力和参数的敏感性分析。

2. 筛选法

筛选法（screening method）主要是在高维模型中定性筛选敏感性的因子，而非定量分析敏感性（Saltelli et al., 2008）。最常见的筛选法是 Morris 法（Morris, 1991）。Morris 法可以识别出有影响和没有影响的因子，此外，可以给出交互性或非线性的情况（Morris, 1991；Gamerith et al., 2013；King and Perera, 2013）。该法基于 OAT 法，通过在全部因子空间中进行网格抽样，得到一系列局部偏导数[也称为基本影响（elementary effects, EE）]进行全局敏感性分析。每一个因子 x_i 的 EE 变化 $\varDelta$ 建立一个轨道：

$$\mathrm{EE}_i = \frac{f(x_1,\cdots,x_i,\cdots,x_n) - f(x)}{\varDelta_i} \tag{2.7}$$

式中，EE_i 是第 i 个因子的基本影响；$f(x)$ 表示轨道的先验点；n 表示因子个数；$\varDelta=p/[2(p-1)]$ 表示网格大小，其中，p 为输入空间水平个数。由于 OAT 法的结果取决于初始 x 位置，无法考虑因子间的关系，上述过程被重复 r 次，从而有 r 个轨迹。μ_i 的平均值是输入变量对输出的总体影响，标准差 σ_i 是因子空间的变异性/交互性。总评估次数为 $r(n+1)$。Campolongo 等（2007）改进了该方法，通过得到 r 个轨迹 EE 的绝对值的平均值判断敏感性：

$$\mu_i^* = \frac{1}{N}\sum_{j=1}^{N}\left|\mathrm{EE}_i^j\right| \tag{2.8}$$

式中，EE_i^j 代表第 j 个轨道的第 i 个因子。

Morris 法的优点是计算快，适用于因子数量大的非线性模型，缺点是不能定量分析，且只能研究一个参数与其他参数的总体影响而不能评价单一影响（Saltelli et al., 2004）。许多研究（Campolongo and Saltelli, 1997；Saltelli et al., 2006）已证明该方法的鲁棒性，此外，Herman 等（2013b）发现 Morris 法和 Sobol 法（Saltelli, 2002）在敏感性参数识别上表现一致。Campolongo 和 Saltelli（1997）、De Jonge 等（2012）也发现 Morris 法的敏感指数与方差法的结果相似，证明 Morris 指数可以用于定量分析。

Morris 法在敏感性分析中的应用非常广泛。例如，Salacinska 等（2010）采用该法在二维生态模型 GEM 上研究藻类暴发的敏感性参数；Morris 等（2014）将其应用在海洋模型中用于筛选敏感参数；Ciric 等（2012）利用其识别水生生态模型的敏感性因子；Gamerith 等（2013）采用该方法识别污水模型的敏感性参数并与回归法的结果进行对比；Herman 等（2013c）应用该法识别水文模型不同时间的敏感性参数变化。

3. 方差法

方差法（variance-based method）利用方差分解的方差比评价参数的敏感性（Sobol, 1993；Saltelli et al., 1999）。总输出方差对每个参数的贡献以及它们之间的关系可写为

$$V = \sum_{i=1}^{k} V_i + \sum_{i=1}^{k} \sum_{j>i}^{k} V_{ij} + \cdots + V_{1,2,\cdots,k} \tag{2.9}$$

式中，V 表示模型输出的总方差；V_i 表示 x_i 的一阶方差；V_{ij} 表示因子 i 和 j 的交互关系。该方法可以计算一阶敏感因子：

$$S_i = \frac{V[E(Y|x_i)]}{V(Y)} \tag{2.10}$$

以及变量 i 的全阶敏感因子：

$$S_{r_i} = \sum S_i + \sum_{j \neq i} S_{ij} + \cdots + S_{1,\cdots,k} \tag{2.11}$$

一阶敏感性指数和全阶敏感性指数的差别体现了因子间的交互作用。方差法有很多具体方法，包括 Sobol 法（Saltelli, 2002）、FAST（Fourier amplitude sensitivity test）法和 EFAST（extended Fourier amplitude sensitivity test）法（Saltelli et al., 1999）。方差法可以定量评估参数的一阶敏感性和全阶敏感性以及参数间的相关性，但是缺点在于需要很大的计算量（Song et al., 2015）。这种方法适用于计算速度快的水文模型（Herman et al., 2013c）、作物模型（Wang et al., 2013；Raj et al., 2014）和其他环境模型（Nossent et al., 2011；Sin et al., 2011；Sun et al., 2012；Morris et al., 2014）。

4. 元模型法

元模型法（meta-modeling based method）基于统计等方法建立参数与输出的响应方程，从而替代原本的物理或概念模型，再通过这个模型评判参数敏感性指数。其核心在于选择合适的抽样方法和响应面方程（Song et al., 2015）。目前常用的响应面方法有多元自适应样条法（multivariate adaptive regression spline，MARS）（Li et al., 2013）、支持向量机（supporting vector machine，SVM）（Song et al., 2012b）、高斯过程（Gaussian process，GP）（Gan et al., 2014）等。响应面方法替代了原始模型，计算速度提高了，但是其要求计算敏感性的取值范围服从原始模型抽样的概率分布（Song et al., 2012b），不适用于因子量大的模型。

5. RSA 法

RSA 法是指将优化条件弱化，用定量或定性语言来决定参数角色，在一定程度上克服了传统优化方法的缺点，不需要大量的假设，在降低精度的情况下尽量估计潜在预测的方法。主要是通过经验和研究区域直接去掉不敏感参数，再利用蒙特卡罗方法分别对参数进行采样，与实测值对比得到每组参数的似然度，从而分析参数的"行为"与"非行为"。

2.3　模型参数率定方法

模型的参数率定是通过调整模型的参数值，使模型能够正确反映模拟系统的变化过程。一般来说，率定准则模拟结果与实际监测值误差最小。参数取值的准确性关系到模型的模拟效果，并进一步影响基于模型的决策判断。常见的参数率定方法分为传统方法和替代模型法。其中，传统方法是指直接通过搜索算法搜索模拟模型的最佳参数组合，包括遗传算法、SCE-UA 算法和模拟退火法等；替代模型法是针对复杂模型的计算成本过高提出的一种用元模型替代原始模型再耦合搜索算法进行参数估计的方法。

2.3.1　传统方法

1. 遗传算法

遗传算法（genetic algorithm，GA）源自 20 世纪 70 年代（Holland，1975），是一种稳健的随机搜索方法和近似全局优化方法。遗传算法根据生物进化规律发展而来，通过染色体的再生、交叉和突变产生更优的染色体群，一代代更新，最后收敛在一个最优的条件下，从而得到模型最优解。该方法被广泛应用于水文模型的参数估计上。Cooper 等（1997）采用遗传算法对水箱模型进行参数自动率定，并对比 SCE-UA 算法的结果。王纲胜等（2010）采用遗传算法率定水文资源分布式时变增益模拟系统模型在潮白河流域的各项参数，并与 SCE-UA 模型进行对比，发现后者更优。

2. SCE-UA 算法

SCE-UA 算法是 Duan 等（1992，1994）开发的一种解决水文模型参数非线性约束最优化问题的方法。该算法集成了随机搜索、聚类分析和竞争演化等多个算法，可以快速有效且具有鲁棒性地完成全局参数优选。该算法利用目标函数反应面信息进行搜索，要求目标函数灵活且不容易陷入局部最优，被广泛应用在流域模型上。Kuczera（1997）比较了 SCE-UA 算法、遗传算法和 MSX 算法，发现 SCE-UA 算法更具有鲁棒性，而遗传算法搜索速度快但可能无法达到最优值。Gong 等（2015）采用 SCE-UA 算法对 CoLM 模型进行了参数率定。

3. 模拟退火算法

模拟退火（simulated annealing，SA）算法是由 Metropolis（1953）提出的。SA 算法是模拟固体在退火过程中固体内能从大到小的过程。该算法基于蒙特卡罗模拟的迭代求解。由足够高的初始温度开始，利用 Metropolis 抽样在参数空间中进行具有概率突跳性的随机搜索，"温度"不断下降，突跳性逐步减弱，最终静止在全局最优解处。该算法灵活、运行效率高且可以跳出局部最优，是一种较好的全局搜索手段（申玮等，2004；王薇等，2004）。

4. 均匀随机采样法

均匀随机采样（uniformed random sampling，URS）法（Beven, 2001b）是一种常见的参数全局优化手段，其原理简单，但是计算耗时，并且无法跳出局部最优陷阱（曹飞凤，2010）。该方法是在设定的参数范围内，随机抽取 N 个样本，计算每个样本的目标函数，提取参数与目标的关系，从而进行参数识别或敏感性分析。

2.3.2　替代模型法

当遇到计算耗时的复杂模型时，上述方法往往面临计算时间过长的问题。替代模型法常用于处理大型复杂模型的优化（Gong et al., 2015），如 Castelletti 等（2010, 2012a, 2012b）建立径向基函数（radial basis functions, RBF）模型实现多目标水质管理。现代模拟模型越来越趋向计算精细化，这是因为它们对于真实世界更加严密的细节表示（Zhang et al., 2009；Keating et al., 2010）。这导致现代模型在运行过程中需要巨大的计算预算，尤其是在需要通过模拟模型支持决策时（一般需要运行多次，如果代入优化模型则运行次数可能会高达上千次），运行预算（时间）难以通过一般的个人电脑实行。

虽然存在模拟模型与优化模型直接耦合的算法，但是目前的发展方向是使用替代模型。替代模型相对于"原始"模拟模型来说，其结果简单，运算更有效率。目前，替代模型可以分为两类，即响应面模型（response surface model）和低保真度模型（lower-fidelity model）。前者也被称为元模型（Blanning, 1975），采用数据驱动函数近似模型响应；后者是物理模拟模型，但是与原始模型相比简化了细节问题，仅仅保留原始模型的主要框架（Forrester and Keane, 2009；Razavi et al., 2012）。

图 2.2 是替代模型分析框架的基本元素图。与传统的"模拟-优化"模型相比，替代模型分析框架增加了 3 部分新的内容，即实验设计、响应面替代和（或）低保真度替代。首先设计实验进行抽样，用于训练或适应响应面模型或低保真度模型；接着将样本带入原始模型/替代模型收集响应结果，当替代模型的误差达标后，可以用其代替原始模型进行优化计算。Johnson 和 Rogers（2000）指出替代模型的模拟效果不取决于实验设计取值，而依赖于替代模型的表现。在整个过程中，替代模型可以不停地进行静态或动态更新（Mousavi and Shourian, 2010；Razavi et al., 2012）。

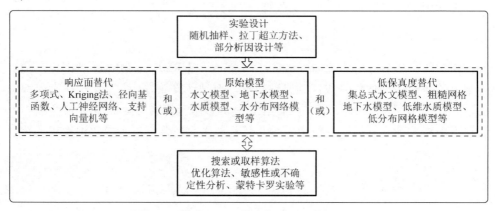

图 2.2 替代模型分析框架基本元素图（Razavi et al., 2012）

关于替代模型的综述有很多，Razavi 等（2012）通过分析 48 篇水资源方法替代模型文献以及 100 篇扩展文献，对整个替代模型分析框架进行了介绍。Chen 等（2006）对比了不同的替代模型以及实验设计方法。还有一些学者也对替代模型进行了综述（Jin et al., 2001；Queipo et al., 2005；Simpson et al., 2008；Forrester and Keane, 2009）。表 2.3 介绍几种常用的替代模型。

表 2.3 常用替代模型介绍

文献来源	具体内容	涉及方法	是否详细介绍
Jin et al., 2001	通过 14 个不同问题对比 4 个常见模型和抽样方法的表现，深入探讨噪声、效率、可视性、模型简单程度的影响	PRSM、Kiging、MARS 和 RBF	是
Queipo et al., 2005	介绍替代模型分析和优化，主要包括实验设计、替代模型、模型选择与验证方法、敏感性分析、优化方法以及一个案例介绍	PRSM、Kriging、RBF	是

续表

文献来源	具体内容	涉及方法	是否详细介绍
Chen et al., 2006	论述替代模型在不同学科领域的应用,介绍替代模型基本方法并进行对比,以及实验设计各类方法及其对比	PRSM、Kriging、MARS、回归树、ANN、RBF、L.I.Poly	是
Simpson et al., 2008	基于多学科设计优化的发展历史进行介绍,主要包括 2008 年以前的综述汇总、商业软件和它们的优点与存在的问题等	响应面替代模型,包括 PRSM、Kriging、SVM、ANN 低保真度模型	否
Forrester and Keane, 2009	介绍替代模型框架与存在的问题,主要包括初始抽样、噪声、元模型嵌入方式(infill criteria)和多目标问题	PRSM、最小滑动平均、Kriging(一般式与盲目式)和 SVM	是
Razavi et al., 2012	总结替代模型在水资源领域应用的 48 篇文章,主要介绍模型框架(元模型嵌入形式),采用实例介绍各种方法和方式的限制问题,探讨样本大小等细节问题,并提出研究挑战和方向	响应面替代模型,包括 PRSM、RBF、Kriging、SVM、ANN;低保真度模型	否

注:PRSM(polynomial response surface method)为多项式响应面法

响应面模型是通过拟合一系列已经计算好的设计点(design sites)来训练替代模型的一种数据驱动方法。其目的是在误差尽可能小的情况下寻找一个 $f(x)$ 作为 $y(x)$ 的近似,基于实验设计抽样数据 $(x_1,y_1),(x_2,y_2),\cdots,(x_m,y_m)\subseteq(X\subseteq R^n,Y\subseteq R)$。

$$y(x)=f(x)+\varepsilon \qquad (2.12)$$

式中,$f(x)$ 为响应面模型;$y(x)$ 为原始模型;ε 为误差。

如采用多项式法,则 $f(x)$ 为线性函数或二次函数,即

$$\hat{y}=\beta_0+\sum_{i=1}^{k}\beta_i x_i \qquad (2.13a)$$

$$\hat{y}=\beta_0+\sum_{i=1}^{k}\beta_i x_i+\sum_{i=1}^{k}\beta_i x_i^2+\sum_{i=1}\sum_{j<i}\beta_{ij}x_i x_j \qquad (2.13b)$$

式中,β 为系数;$\hat{y}$ 为拟合函数。

许多拟合方法被应用在响应面替代模型上,如多项式法(Ejaz and Peralta, 1995；Mirfendereski and Mousavi, 2011)、Kriging 法、RBF、ANN(Chaves and Kojiri, 2007)、SVM(Mirfendereski and Mousavi, 2011)、本征正交分解法(Xu et al., 2013)、回归树(周丰和郭怀成,2010)等。其中前两个为参数型,其他为非参数型(Castelletti et al., 2010)。ANNs、SVM、Kriging 和多项式模型是最常用的元模型(Mirfendereski and Mousavi, 2011)。表 2.4 为常见的 7 类响应面模型的优点与缺点总结,表 2.5 为相关响应面模型应用总结。

表 2.4 响应面模型优点与缺点

模型	优点	缺点
多项式法	线性模型 模型大小：一般较小。用户决定模型形式 运行时间：非常快。线性最小二乘 软件：任何统计程序包	用户需要决定模型形式 不灵活
Kriging	可以实现模型复合结构 观测值准确的预测 模型大小：大。需要所有数据点的存储空间 运行时间：慢。参数估计运算量大 软件：没有公开软件	难以核实假设 存在附加曲率
MARS	数据自适应线性模型 自动调整效果 模型大小：中等。只包括重要作用 运行时间：中等~快。一半取决于 M_{max} 软件：Salford Systems（http://www.salford-systems.com）	需要依据用户定义的 M_{max}
回归树法	数据自适应线性模型 MART 非常稳健 自动调整效果 模型大小：中等。只包括重要作用 运行时间：中等~快。取决于迭代次数 软件：CART, MART（http://www.salford-systems.com）	依据迭代次数 CART/FACT 不稳健 非连续近似
ANNs	可以实现模型复合结构 模型大小：大。结构取决于用户 运行时间：慢。模型参数估计费时 软件：MATLAB Neural Network Toolbox（http://www.mathworks.com）	用户决定结构体系 系数难以解释 需要非常大的数据量 存在附加曲率
RBF	线性模型 可实现模型复合结构 模型大小：大每个数据点需要一个空间 运行时间：中等~快。取决于样本大小 软件：MATLAB。可以进行简单编码	具有人造的周期
L.I.Poly	线性模型 观测值准确预测 模型大小：大。每个数据点需要一个空间 运行时间：中等~快。取决于样本大小 软件：Netlib C code（http://netlib.bell-labs.com/netlib/a/mvp.tgz）	存储空间大 预报可能不准确

资料来源：Chen et al., 2006

表 2.5 响应面模型应用总结

问题类型	替代模型	搜索方法	变量的数量和类别	原始模型	架构类别	计算节约	资料来源
地下水补救	线性回归、ANN	SA	30，连续	饱和带-非饱和带运移模型	离线	—	Johnson and Rogers, 2000
海水倒灌管理	ANN（三层）	GA	24，连续	三维平流分布迁移转化模型	离线	99%运行时间	Bhattacharjya and Datta, 2005
高压容器设计	ANN	GA	4，连续	—	离线	—	Wang, 2005
水库群优化管理	ANN	随机动态规划	30，连续	—	离线	—	Cervellera et al., 2006
地下水抽水优化	Kriging	完全列举	4，离散	三维有限元不饱和流模型	交互	—	Bau and Mayer, 2006
下游水质调控	ANN	elitist-GA	7，连续	CE-QUAL-W2	离线	—	Dhar and Datta, 2008
不确定条件下SWAT模型自动率定	SVM、ANN（单层）	GLUE	16，连续	SWAT	离线	节约20%~42%CPU	Zhang et al., 2009
跨流域调水	ANN	GA	240，连续	QUAL2K	离线	—	Karamouz et al., 2010
水质修复技术设计	RBF、多维线性插值，反距离加权	多目标优化	3，离散	ELCOM-CAEDYM	交互	—	Castelletti et al., 2010
流域水资源分配	SVM、PRSM	粒子群算法	—	MODSIM	离线	—	Mirfendereski et al., 2011
模型参数率定	ANN、SVM、MARS	SCE-UA	—	CoLM	离线	—	Gong et al., 2015

替代模型在参数优化上的应用还处于起步阶段，Wang 等（2014b）在一个简单的水文模型 SAC-SMA 上评估了初始采样和适用性采用对替代模型支持优化的影响。Song 等（2015）利用替代模型优化分布式水文模型，其中优化算法为 SCE-UA，替代模型为 MARS。Yu 等（2015a）采用 ANN 替代模型对洪泛模型采用普适似然度不确定性评估（generalized likelihood uncertainty estimation, GLUE）法进行不确定性分析。Gong 等（2015）在 CoLM 模型上对比多种替代模型，并采用 SCE-UA 进行了多目标的参数优选研究。

2.4 基于不确定性的决策风险评估

不确定性是指无法准确预测或模拟一个系统而存在的不可避免的问题。当对水体进行管理时，由于无法避免不确定性对决策结果的影响，评估其风险性（水体响应的可能性）成为水质管理的一个重要研究对象。

无论何种风险的定义，都承认风险是由不确定性因素引起的（解宇峰，2014），研究者无法准确预测未来事件发生的后果及其可能性的大小。例如，在水文预测中，洪水风险只能评估出洪水的概率分布而不能确定未来是否有洪水发生；在水质模拟中，由于参数的异参同效问题，人们也难以确定到底哪一组参数能够真实反映水质变化的物理过程。由于种种不确定性的存在，人们在管理决策中必定存在风险问题。

在水环境领域，相关研究主要集中在两部分：其一是水质风险评价；其二是决策管理风险评估。水质风险评价即研究污染源排放对承载水体水质破坏的风险，包括"突发性风险"和"非突发性风险"（何理和曾光明，2001）。李如忠（2004）从突发性和非突发性两个方面，探讨了河流水质超标风险问题。基于水环境系统不确定性共存或交叉的理论，定义了水质未确知风险概念并建立了水质超标可信度计算模型。钟政林等（1997）建立了马尔可夫链风险评价模型，通过时间累计概率影响，研究河流非突发性水质风险问题。此外，还有基于统计方法的水质风险评价方法，张庆庆（2012）利用贝叶斯网络，使用概率统计理论量化水质超标风险，计算不同降雨和气温条件下水质超标风险。但总体来看，水质风险评价的研究集中在评估未来预测不确定性上，而与实际决策没有直接的关联。

决策管理的风险评估是指在水质管理中，人们常常采用复杂的机理过程对决策方案进行预估，评价其对受纳水体的作用程度，模型本身的不确定性也会带来决策评估的风险，因此，需要对其进行风险评估。由于模型的不确定性，人们所构建的模型难以确定是否反映系统的真实过程。在这种情况下，需要对决策管理是否可以达到预计目标的可能性进行评价，这类研究十分罕见。管理措施达标的可能性被应用于大气减排控制，通过选择所有可能性模型情景对管理的达标率进行可行性研究（Pinder et al.，2009；Digar et al.，2011）。在水质管理上，这类研究相对较少，其原因是由于水质模型的计算成本以及水质观测数据缺失严重，难以确定可行的模型（Wellen et al.，2015）。当水质数据缺失时，会提高判断水质模型准确性的困难程度，因此评估其对决策响应的可能性则更加重要。Nielsen 等（2014）采用 PCLake 模型评价气候变化和负荷削减对湖泊的影响的概率分布，但PCLake 模型是一个零维简单模型且研究中只考虑了理想的情况。Zou 等（2014）在对数据缺失湖泊进行自动率参研究时，提出了多模式模型，其多模式反映了参数的异参同效问题，有一定的借鉴意义。对于常见的水质模拟模型，如何评价其预测达标情况的可能性程度在水质管理方面依然存在缺口，这也是本书所要探讨的问题之一。

2.5 本 章 小 结

本章从水质模型、不确定性和敏感性分析、模型参数率定方法和决策风险评价方面系统梳理了国内外的研究进展,发现过去研究中存在的不足:

(1)虽然不确定性和敏感性分析已经应用于一些研究,但是在水质模型研究中,尤其是复杂的多维水质模型的相关研究较少,且方法集中在局部方法分析上。然而,水质模型的非线性和参数间的交互性并不适合局部分析。此外,不确定性研究中忽略了多维模型的特性,缺乏时空差异的分析。

(2)复杂水质模型参数估计方法一般为手动估参(如 EFDC),自动估参由于计算成本的问题而难以实现,替代模型的方法已开始应用于水质模型不确定性分析等方面,但应用于水质模型参数估计方面的研究尚不多见。同时,水质模型通常存在多个状态变量目标,多目标参数估计问题需要进行进一步研究。

(3)水质管理不确定性评价的研究集中在基于统计方法的水质预测风险分析上(如贝叶斯网络实现预测的不确定性建模),与实际水质管理采用复杂机理模型的研究思路有一定偏差。常见的确定性水质模型的决策结果往往具有高度的不确定性,如何评估模拟模型不确定性对决策结果的影响非常重要。

第3章 研究区域及 EFDC 水动力水质模型

3.1 研 究 区 域

3.1.1 地理位置和地形地貌

滇池是中国重点治理湖泊"三湖"之一，也是中国第六大湖泊（图 3.1），素有"高原明珠"的美誉。其位于中国西南地区云贵高原中部，地处长江、红河、珠江三大水系分水岭地带（N 24°29′~25°28′，E 102°29′~103°01′），平均海拔 1900m [图 3.2（a）]。滇池流域面积约 2920km²，湖泊坐落于云南省昆明市辖区。滇池不

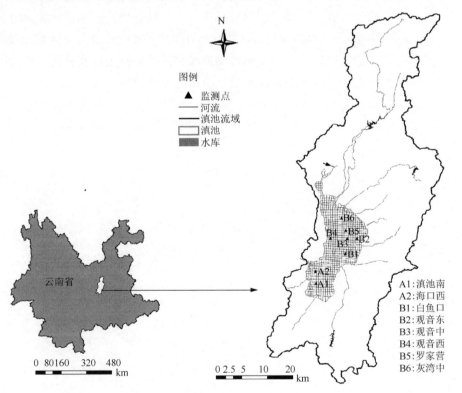

图 3.1 滇池流域概况

仅是昆明市的饮用水源之一，更兼顾工业用水、农业灌溉、防洪调蓄、航运旅游、调节气候等功能。滇池湖泊位于流域中下部的昆明主城区南面，西邻西山，湖面呈月牙形状。湖泊南北长约 40.4km，东西平均宽 7km，湖岸线长约 163.2km，湖水面积为 309km²，平均水深 5.3m，最大水深 10.2m（1887.4m 高程运行水位），湖泊容积为 15.6 亿 m³，是云南省水面面积最大的天然淡水湖泊。

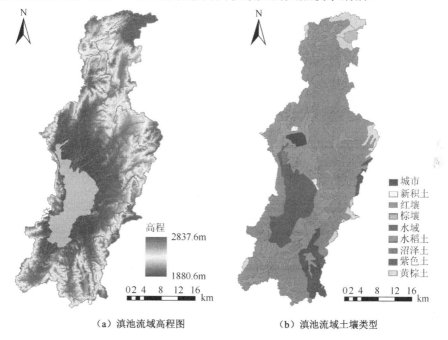

（a）滇池流域高程图　　　　　　　　（b）滇池流域土壤类型

图 3.2　滇池流域高程图和土壤分布图（见书后彩图）

　　滇池湖体由天然湖堤分隔为北部草海（湖面面积为 10.8km²，1887.4m 高程）和南部外海（湖面面积为 298.2km²，1887.4m 高程）两部分，其中外海是滇池的主体部分。草海和外海分别从西园隧道和海口中滩闸出水，海口河是滇池主要的出水口（解宇峰，2014）。

　　滇池盆地是云南省东部山间盆地之一，盆地周围为山地，内部为堆积地貌，西南为断裂下陷的洼地，即滇池。流域为以滇池为中心，东部、北部和南部较宽，西部较窄，形成不对称阶梯状地貌特征。其中，第一级为平原，是滇池流域主要的人类活动区域；第二级以丘陵为主，土地垦殖率高，工矿开发以及居民用地较大；第三级为山区，是滇池的主要汇水区。

　　滇池流域受地貌和气候影响，土壤类型复杂。主要土壤类型有 7 种，按所占比例从大到小排列依次为红壤（67.16%）、水稻土（12.13%）、黄棕土（8.26%）、紫色土（5.39%）、棕壤（0.92%）、沼泽土（0.17%）、新积土（0.16%）。其中，山区主要为红壤分布，湖盆区受耕地以水稻土为主[图 3.2（b）]。流域地区土地腐殖质含量较低，土壤水稳定性较差，容易发生水土流失（盛虎，2013；解宇峰，2014）。

3.1.2 气候条件及流域水系

滇池流域位于亚热带季风气候区，气候温和，冬季和春季受西面干暖气团控制，湿度较小、天气晴朗；夏季和秋季受到来自印度洋的西南暖湿气流和北部湾东南暖湿气流影响，水汽充沛、气温温和；流域全年冬暖夏凉，四季如春。流域年季温差变化较小，日间温差变化较大，年平均气温为 14.7℃（Zhou et al., 2015），年中温度变幅为 12℃。年平均降雨量为 932mm，1999～2010 年年最低降雨量为558mm，年最高降雨量为 1148mm。降雨量 80%集中在 5～10 月，年均相对湿度为 73%～75%（盛虎，2013）。流域多年平均水资源量 9.7 亿 m³，多年蒸发量约4.4m³，人均水资源量仅为 300m³，2009～2012 年流域内干旱现象严重（Zhou et al., 2015）。年日照时数为 2081～2470h，年日照率为 47%～56%。流域盛行西南风，平均时速为 2.2～3.0m/s（图 3.3）。全年气候温和，无霜期占全年的 62.2%。

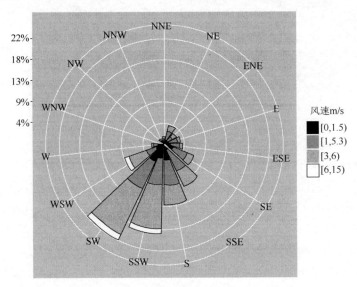

图 3.3　滇池流域风向风速玫瑰图（2003 年）

流域内流入滇池的主要河流有 29 条，其中 7 条进入草海，22 条进入外海（图 3.4）。流入外海的河流主要分布在外海的北部、东部和南部。受上游水库调节影响，大部分河流为季节性河流。其中，运粮河、乌龙河、西坝河、大清河、宝象河、船房河等由于是下游城市下水道汇集而成，受城市生活污水的影响，污染严重，尤其是在枯水期，水质较差。

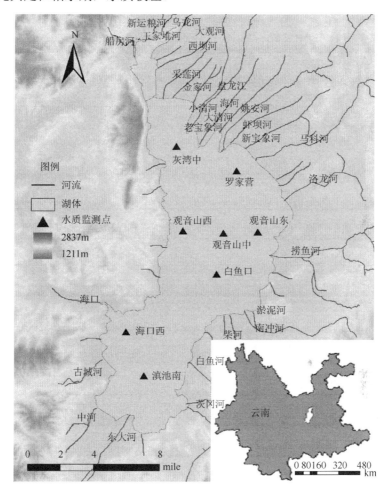

图 3.4 滇池主要河流及水质监测点

1mile=1.609 344km

3.1.3 水质状况

历史上滇池是一个干净的湖泊，然而，20 世纪 80 年代以来，随着城市化的加速及工业的发展，大量营养盐排入湖中，造成湖泊水质退化。在过去的几十年中，滇池逐渐丧失了饮用水和灌溉水源的功能，成为中国三大污染湖泊之一。滇池多年水质为Ⅴ类～劣Ⅴ类，处于中度到重度富营养状态。

滇池的水质退化与生态破坏主要有两个方面的原因。一方面，滇池位于昆明市主城区的下游，入湖河流源近流短；湖泊的水流向与主风向相反，湖面污染物难以排除；滇池地处磷矿区，大量磷质不可避免地进入滇池水体；流域需水量高于水资源量，生态用水极度匮乏。另一方面，流域产业与人口的高度聚集和快速发展是胁迫和制约滇池水质改善的最大原因。滇池流域总人口为 391 万人，流域以昆明市 18.8%的土地面积，承载了 54.6%的人口和 87.6%的 GDP，且年均 GDP增长 11.7%。自 1970 年以来，流域内社会经济迅速发展，人口密度显著增长，而城市规划及市政设施建设却相对滞后，大量污染物直接排入滇池中，从而造成湖体水质恶化，主要污染物 COD、TN、TP 的浓度急剧升高。由于滇池特殊的地理位置和气候条件，湖泊治理成为中国湖泊治理的难点。

图 3.5 展示了 1999～2009 年滇池水质变化情况，可以看出湖体水质各项指标一直呈现一个较高的水平。自"九五"以来，国家和政府在滇池开展了大量的治理工作，但是从图 3.5 中可以看出，依然没有明显的恢复情况出现。

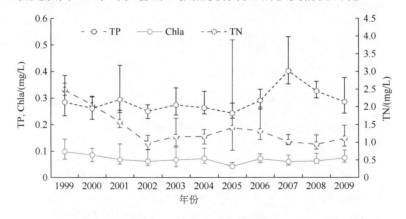

图 3.5　滇池水质变化状态

自 20 世纪 80 年代后期出现富营养化问题，经历了初期短暂的有机污染阶段后，滇池进入了重度富营养化阶段。本节根据外海 1999～2009 年数据，对滇池外海进行营养状态的评价。采用综合营养状态指数法，用 0～100 的数字对湖体营养状态进行分级，计算公式如下：

$$\mathrm{TSI}(\textstyle\sum) = \sum_{j=1}^{m} W_j \cdot \mathrm{TSI}(j) \qquad (3.1)$$

式中，$\mathrm{TSI}(\textstyle\sum)$ 为综合营养状态指数；$\mathrm{TSI}(j)$ 代表各水质指标的营养状态指数；W_j 为各水质指标的相对权重（一般以 Chla 为基准）：

$$W_j = \frac{r_{ij}^2}{\sum_{j=1}^{m} r_{ij}^2}$$

（3.2）

其中，r_{ij} 为第 j 种水质指标与基准的相关系数；m 为水质指标的个数。中国湖泊（水库）的 Chla 与其他指标之间的 r_{ij} 分别为 TP 0.84、TN 0.82、SD[①]−0.83、COD_{Mn} 0.83。

由表 3.1 可知，滇池外海一直处于重度富营养化的状态。2001 年后滇池水华现象呈周期性，4～11 月为水华发生的集中时期，尤其是 5～7 月以及 9～11 月为水华高峰期（郭怀成等，2013）。水华暴发高峰期水面聚集数厘米厚的藻浆，发生区可以从外海北部、西岸蔓延到南部海口一带（李蒙等，2011）。

表 3.1　滇池外海营养状态指数

年份	Chla	TP	TN	SD	COD_Mn	综合状态指数	营养状态
1999	74.80	76.40	67.30	67.90	116.90	80.70	重度富营养
2000	73.30	73.30	65.90	65.00	106.20	76.70	重度富营养
2001	70.90	69.10	67.90	65.30	111.90	77.00	重度富营养
2002	69.80	61.30	65.20	57.30	111.70	73.00	重度富营养
2003	70.70	64.00	66.70	61.00	113.40	75.10	重度富营养
2004	71.50	64.10	66.10	63.50	113.70	75.80	重度富营养
2005	65.80	67.10	64.70	63.40	110.30	74.20	重度富营养
2006	71.40	66.10	67.70	66.10	113.60	77.00	重度富营养
2007	69.50	61.90	73.20	68.10	114.80	77.50	重度富营养
2008	70.00	60.70	69.70	68.20	109.00	75.50	重度富营养
2009	69.90	63.20	67.50	67.90	105.30	74.70	重度富营养

资料来源：郭怀成等, 2013

纳入监测的 13 条河流也处于严重污染的状况，它们是目前滇池污染物进入的主要途径。其中，除大河、东大河水质为Ⅴ类外，盘龙江、宝象河、大清河、洛龙河、采莲河、柴河、古城河、新运粮河（草海）、船房河（草海）、乌龙河（草海）均为劣Ⅴ类。此外，河流的天然补给水源较少，部分河流甚至出现断流现象，大量生活污水和农村垃圾倾泻入河，河水污染状况严重。

3.1.4　社会经济

滇池流域包括昆明市五华、盘龙、西山和官渡四区，以及呈贡区和晋宁县的大部分及嵩明县的部分区域，共 38 个乡镇，是云南省的经济、交通和文化中心（图 3.6）。1999～2008 年，流域常住人口为 311.96 万～350.00 万人，年平均人口

---

① SD 表示透明度。

增长率为1.29%，人口处于快速增长时期。其中，城镇化率为83.68%～88.47%，城镇化率逐渐增长。人口增长给滇池水环境的承载力带来了巨大的压力，需要探讨合理的生存模式。

图3.6　昆明市行政区划

滇池流域内GDP水平从2000年的402亿元上升到2008年的1153亿元，上升速度是全省GDP水平的3倍左右。其中，第一产业为14.90亿～23.60亿元；第二产业为211.46亿～506.51亿元；第三产业为175.95亿～622.47亿元。种植的农作物主要有粮食、烟草、蔬菜、花卉和水果；工业行业主要有机械、有色金属冶炼、纺织、交通设备、电器制造等；第三产业主要有批发零售业、住宿和餐饮业、交通运输仓储邮政业等，这类第三产业发展水平较低，而较高水平的金融业、教育业、房地产业等发展薄弱，因此，第三产业对环境污染的贡献量也不可小觑。

3.2　EFDC 水动力水质模型

3.2.1　EFDC 水动力水质模型简介

EFDC 是 Hamrick（1992）开发的集成模型，可以模拟河道、河口、湖泊、水库、湿地和近岸海域的多维流场以及盐、泥沙运输和藻类生态活动。EFDC 模型主要包括水动力、水质、底泥和有毒物模块（图 3.7）。

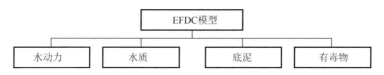

图 3.7　EFDC 模型结构

EFDC 模型适应性很强，目前已在世界范围的水环境系统中成功应用（陈异晖，2005；Liu et al., 2008a；唐天均等，2014；张文时，2014；李一平等，2014, 2015；张以飞等，2015）。其主要控制方程是一组联立的偏微分方程，包括水动力过程、21 个状态变量的水质与富营养化模型以及 27 个状态变量的底泥地球化学动力模型。此外，EFDC 模型还可以模拟任意多种泥沙颗粒以及相应的有毒有害物质在水体中的迁移转化及与底泥的交互作用过程。

3.2.2　EFDC 模型主控方程

3.2.2.1　EFDC 模型水动力模块

水体是一种不可压缩的环境流体，具有水平长度特征以及垂向尺度特征。一般水平尺度较垂直尺度更大，所以可以认为流体在垂直方向具有流体静力学特征，并有边界层特征。EFDC 模型通过简化的运动模型表征水流的动力过程，并且同时考虑流体的边界有地形条件。

EFDC 模型水动力模块的控制方程采用了不可压缩、密度可变流体的湍流运动方程组这一形式。为适应实际的边界，水平方向采用正交曲线坐标，垂直方向采用 Sigma 映射变换方法：

$$z = (z^* + h) / (\zeta + h) \tag{3.3}$$

式中，*代表最初的物理纵坐标；h 和 ζ 分别表示水底地形与自由表面在物理坐标系中的纵坐标。

对湍流运动方程组进行变换，同时对可变密度取布西内斯克近似，可以导出动量与连续性方程组以及涉及盐度、温度的迁移方程组。这些方程分别如下所示：

动量方程为

$$\frac{\partial\left(m_x m_y Hu\right)}{\partial t}+\frac{\partial\left(m_y Huu\right)}{\partial x}+\frac{\partial\left(m_x Hvu\right)}{\partial y}$$

$$+\frac{\partial\left(m_x m_y wu\right)}{\partial z}-\left(mf+v\frac{\partial m_y}{\partial x}-u\frac{\partial m_x}{\partial y}\right)Hv$$

$$=-m_y H\frac{\partial\left(g\xi+p\right)}{\partial x}+m_y\left(\frac{\partial h}{\partial x}-z\frac{\partial H}{\partial x}\right)\frac{\partial p}{\partial z}+\frac{\partial\left(m_x m_y\frac{A_v}{H}\frac{\partial u}{\partial z}\right)}{\partial z} \tag{3.4}$$

$$+Q_u \frac{\partial\left(m_x m_y Hu\right)}{\partial t}+\frac{\partial\left(m_y Huv\right)}{\partial x}+\frac{\partial\left(m_x Hvv\right)}{\partial y}+\frac{\partial\left(m_x m_y wv\right)}{\partial z}$$

$$+\left(mf+v\frac{\partial m_y}{\partial x}-u\frac{\partial m_x}{\partial y}\right)Hu$$

$$=-m_x H\frac{\partial\left(g\xi+p\right)}{\partial y}+m_x\left(\frac{\partial h}{\partial y}+z\frac{\partial H}{\partial y}\right)\frac{\partial p}{\partial z}+\frac{\partial\left(m_x m_y\frac{A_v}{H}\frac{\partial v}{\partial z}\right)}{\partial z}+Q_v \tag{3.5}$$

压力方程为

$$\frac{\partial p}{\partial z}=-gH\left(\rho-\rho_0\right)\rho_0^{-1}=-gHb \tag{3.6}$$

连续方程为

$$\frac{\partial\left(m\xi\right)}{\partial t}+\frac{\partial\left(m_y Hu\right)}{\partial x}+\frac{\partial\left(m_x Hv\right)}{\partial y}+\frac{\partial\left(mw\right)}{\partial z}=0 \tag{3.7a}$$

$$\frac{\partial\left(m\xi\right)}{\partial t}+\frac{\partial\left(m_y H\int_0^1 u\mathrm{d}z\right)}{\partial x}+\frac{\partial\left(m_x H\int_0^1 v\mathrm{d}z\right)}{\partial y}=0 \tag{3.7b}$$

状态方程水密度为

$$\rho=\rho\left(p,S,T\right) \tag{3.8}$$

盐度和温度传输方程分别为

$$\frac{\partial(mHS)}{\partial t}+\frac{\partial(m_y HuS)}{\partial x}+\frac{\partial(m_x HvS)}{\partial y}+\frac{\partial(mHwS)}{\partial z}=\frac{\partial\left(mH^{-1}A_b\frac{\partial S}{\partial z}\right)}{\partial z}+Q_S \tag{3.9}$$

$$\frac{\partial(mHT)}{\partial t}+\frac{\partial(m_y HuT)}{\partial x}+\frac{\partial(m_x HvT)}{\partial y}+\frac{\partial(mHwT)}{\partial z}=\frac{\partial\left(mH^{-1}A_b\frac{\partial T}{\partial z}\right)}{\partial z}+Q_T \tag{3.10}$$

式中，u、v、w 分别为正交曲线坐标系 x、y、z 方向上的速度分量；m_x 和 m_y 分别为度量张量沿对角线方向的分量的平方根；A_v 为垂向涡流黏度；A_b 为湍流扩散率；$m = m_x m_y$ 构成了雅可比行列式或是由度量张量的平方根值所形成的行列式；g 为重力加速度；p 为压力；总水深 $H = \zeta + h$，h 为相对于湖底的垂向坐标，ζ 为自由水面高程；f 为科氏力参数；由 Q_u 与 Q_v 表达的动量源、汇项在 EFDC 中将会以亚网格尺度的水平扩散形式出现；混合密度 ρ 是温度 T 和盐度 S 的函数；ρ_0 为参考密度；Q_T 与 Q_S 为温度和盐度源汇项。

式（3.4）～式（3.10）构成了一个关于速度、压力、密度、温度、盐度等变量的封闭方程组。在求解湍流黏度系数与扩散系数时，采用修正的 2.5 阶 Mellor-Yamada 湍流闭合模型：

$$A_v = \phi_v ql = 0.4(1+36R_q)^{-1}(1+6R_q)^{-1}(1+8R_q)ql \tag{3.11}$$

$$A_b = \phi_b ql = 0.5(1+36R_q)^{-1} \tag{3.12}$$

$$R_q = \frac{gH\frac{\partial b}{\partial z}}{q^2}\frac{l^2}{H^2} \tag{3.13}$$

式中，l 为湍流混合长度尺度；R_q 为理查德森数；q 为速度；ϕ_v 和 ϕ_b 为稳定性函数；b 为浮力。具体求解过程可参见相关说明书（Tetra Tech Inc, 2007）。

3.2.2.2　EFDC 模型污染物传输模块（示踪剂模块）

对于符合一级反应动力学方程且独立的水质状态变量，可以使用示踪剂模块计算。其质量传输对流扩散方程为

$$\frac{\partial C}{\partial t} + \text{div}(\bar{v}C) = \frac{\partial}{\partial x}\left(D_H\frac{\partial C}{\partial x}\right) + \frac{\partial}{\partial y}\left(D_H\frac{\partial C}{\partial y}\right) + \frac{\partial}{\partial z}\left(D_V\frac{\partial C}{\partial z}\right) \tag{3.14}$$

式中，t 为时间；x,y,z 为颗粒的坐标；C 为变量浓度；v 为流体运动速度，$\bar{v}$ 为其平均值；D_H 和 D_V 分别为水平和垂直扩散系数。

模拟水体中污染物输移的传输：

$$\frac{\partial\left(m_x m_y HC_w\right)}{\partial t} + \frac{\partial\left(m_y HuC_w\right)}{\partial x} + \frac{\partial\left(m_x HvC_w\right)}{\partial y} + \frac{\partial\left(m_x m_y wC_w\right)}{\partial z}$$

$$= \frac{\partial\left(m_x m_y \frac{A_b}{H}\frac{\partial C_W}{\partial z}\right)}{\partial z} + m_x m_y H\left[\sum_i\left(K_{bS}^i S^i \chi_S^i\right) + \sum_j\left(K_{bD}^j D^j \chi_D^j\right)\right] - m_x m_y H$$

$$\times\left[\sum_i\left(K_{aS}^i S^i\right)\left(\psi_W\frac{C_W}{\phi}\right)(\bar{\chi}_S^i - \chi_S^i) + \sum_j\left(K_{aD}^j D^j\right)\left(\psi_W\frac{C_W}{\phi}\right)(\bar{\chi}_D^j - \chi_D^j) + \gamma C_W\right] \tag{3.15}$$

式中，C_W 为水溶污染物浓度；i 为泥沙类；j 为可溶物；χ_S^i 为泥沙吸附污染物的密度；χ_D^j 为可溶物吸附的污染物的密度；ϕ 为孔隙率；ψ_W 为可溶解污染物的可吸附率；K_a 为吸附速率；K_b 为解吸速率；γ 为线性衰减率系数；$\bar{\chi}$ 为单位载体的饱和吸附质量；S 为盐浓度；D 为可溶物浓度。

3.2.2.3 EFDC 模型水质模块

EFDC 模型水质模块使用 CE-QUAL-ICM 模型水质富营养化模块。其富营养化水质模型是以碳为表征，包括 4 种类型的水藻，3 种有机碳变量（溶解的、易分解的和难分解的有机碳）。有机碳、有机氮和有机磷根据其活性分为 3 类：惰性颗粒态、不稳定颗粒态和不稳定溶解态。水质模型的动力学过程包括沉积物–水界面的物质交换过程以及沉积物需氧量的变化等。

温度、盐度和流场的控制方程集合在水动力模块，其他水环境动力过程集合在水质模块（图 3.8），包括有机碳、有机氮、有机磷、藻类等 26 种水质指标（表 3.2）。

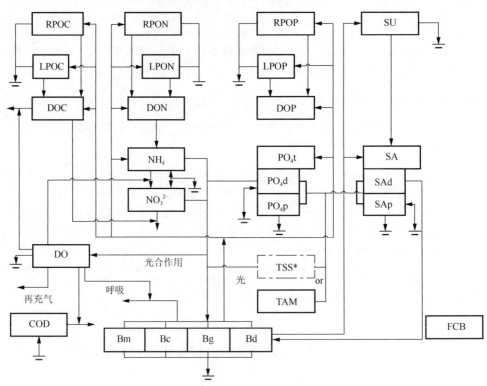

图 3.8　EFDC 模型水质模块框架

* 总悬浮固体来自水动力模块

表 3.2 EFDC 模型水质模块状态变量

序号	名称	序号	名称
1	蓝藻（Bc）	14	惰性颗粒有机氮（RPON）
2	硅藻（Bd）	15	不稳定颗粒有机氮（LPON）
3	绿藻（Bg）	16	溶解有机氮（DON）
4	大型藻类（Bm）	17	氨氮（NH₄-N）
5	惰性颗粒有机碳（RPOC）	18	硝态氮（NO_3^{2-}）
6	不稳定颗粒有机碳（LPOC）	19	生物硅微粒（SU）
7	溶解有机碳（DOC）	20	溶解硅（SA）
8	惰性颗粒有机磷（RPOP）	21	溶解有效硅浓度（SAd）
9	不稳定颗粒有机磷（LPOP）	22	颗粒有效硅浓度（SAp）
10	溶解有机磷（DOP）	23	化学需氧量（COD）
11	总正磷酸盐（PO₄t）	24	溶解氧（DO）
12	颗粒磷酸盐（PO₄p）	25	总活性金属（TAM）
13	溶解磷酸盐（PO₄d）	26	细菌浓度（FCB）

EFDC 水质模块的主要状态变量介绍如下。

1. 藻类

藻类主要分为 4 类，包括 3 个浮游藻类种群及一个大型藻类种群。一般用蓝细菌、硅藻、绿藻代表前 3 类浮游藻类，底质附生藻类或维管束藻类代表大型藻类。总的来说，藻类功能组群是以不同藻类的特点以及这些特点在生态系统中发挥的重要作用为基础来划分的。蓝细菌（也称为蓝绿藻），在咸水中含量丰富，在淡水中组织繁盛。它的一些种类可以固定大气中的氮，因此在很多水体中，控制氮源常常无法有效控制蓝绿藻暴发。硅藻的特点是需要 SiO_2 为营养物质来形成细胞壁，是一种具有高沉降速度的藻类，春季硅藻水华的沉降可能是产生沉积物耗氧量的碳的重要来源。不属于蓝绿藻和硅藻的浮游藻类都被归类到绿藻中。大型藻类的种群变量与浮游藻类具有相类似的动力学方程组，但大型藻类不能随水流移动。

2. 有机碳

有机碳状态变量分溶解态、不稳定性颗粒态和惰性颗粒态。不稳定性颗粒态和惰性颗粒态的区别是分解所需的时间不同。不稳定有机碳分解可能需要几天至几周的时间，惰性有机碳分解时间更长，主要以沉积物形式存在，沉积多年后仍对沉积物耗氧量有贡献。

3. 氮

氮可以分为有机氮和无机氮。有机氮包括溶解有机氮、不稳定性颗粒有机氮和惰性颗粒有机氮；无机氮包括氨态氮和硝态氮/亚硝态氮。两种无机氮都能满足藻类对氮素的营养要求，其中氨氮是首选。氨氮可以被硝化细菌氧化为硝态氮，导致水中以及沉积物中氧含量的下降。硝态氮包括硝酸盐和亚硝酸盐（亚硝酸盐含量较低）。

4. 有机磷

有机磷也分溶解态、不稳定性颗粒态和惰性颗粒态 3 种；无机磷为磷酸盐（PO_4）。磷在模拟系统中以溶解磷、表面吸附的固态磷酸盐以及藻类细胞中所含的磷酸盐 3 种形式呈现。

5. 硅（指 Si）

硅分为可利用硅和生物硅微粒两种。可利用硅溶解可以被硅藻利用，生物硅微粒不能被利用。在 EFDC 模型中，生物硅微粒是由硅藻大量死亡产生的。生物硅微粒分解后变为可利用硅或者沉降变成底部沉积物。

6. COD

COD 是无机氧化中可降解的物质所需要的溶解氧消耗量。COD 主要部分是沉积物中释放出来的硫化物或甲烷。硫化物或甲烷氧化为硫酸盐或 CO_2 直接导致溶解氧的降低。

7. DO

DO 是高等生物生存所必需的。在一个水生生态系统中，O_2 的供应决定了生物的分布以及能量和营养物质的流动。DO 是水质模型的重要组成部分。

模型水质状态变量的质量守恒方程为

$$\frac{\partial\left(m_x m_y HC\right)}{\partial t} + \frac{\partial}{\partial x}\left(m_y HuC\right) + \frac{\partial}{\partial y}\left(m_x HvC\right) + \frac{\partial}{\partial z}\left(m_x m_y wC\right)$$

$$= \frac{\partial}{\partial x}\left(\frac{m_y HA_x}{m_x}\frac{\partial C}{\partial x}\right) + \frac{\partial}{\partial y}\left(\frac{m_x HA_y}{m_y}\frac{\partial C}{\partial y}\right) + \frac{\partial}{\partial z}\left(m_x m_y \frac{A_z}{H}\frac{\partial C}{\partial z}\right) + m_x m_y HS_c \qquad (3.16)$$

式中，C 是水质指标浓度；u、v、w 是正交曲线 x、y 和 z 方向的流速；A 是湍流扩散系数；S_c 是单位体积的内外源和沉降贡献率；H 代表水柱深度；m 代表水平曲线坐标比例因子。

式（3.16）等号前最后三项为对流输送；等号后前三项为扩散输送，其物理输送与水动力模块中示踪剂质量平衡方程相似，最后一项为每个状态变量的动力学过程外源输入。EFDC 模型通过分解物质流项的动力学部分进行求解：

$$\frac{\partial}{\partial t_P}\left(m_x m_y HC\right) + \frac{\partial}{\partial x}\left(m_y HuC\right) + \frac{\partial}{\partial y}\left(m_x HvC\right) + \frac{\partial}{\partial z}\left(m_x m_y wC\right)$$

$$= \frac{\partial}{\partial x}\left(\frac{m_y HA_x}{m_x}\frac{\partial C}{\partial x}\right) + \frac{\partial}{\partial y}\left(\frac{m_x HA_y}{m_y}\frac{\partial C}{\partial y}\right) + \frac{\partial}{\partial z}\left(m_x m_y \frac{A_z}{H}\frac{\partial C}{\partial z}\right) + m_x m_y HS_{CP} \qquad (3.17)$$

$$\frac{\partial C}{\partial t_K} = S_{CK}$$

$$\frac{\partial C}{\partial t}\left(m_x m_y HC\right) = \frac{\partial}{\partial t_P}\left(m_x m_y HC\right) + \left(m_x m_y H\right)\frac{\partial C}{\partial t_K} \qquad (3.18)$$

式中，C 是水质指标浓度；t 为时间；u, v, w 是正交曲线 x、y、z 方向的流速；A 是湍流扩散系数；S_c 是单位体积的内外源和沉降贡献率；H 代表水柱深度；m 代表水平曲线坐标比例因子；K 为动力学速率。

3.3　滇池 EFDC 水动力水质模型构建

本节在 Wang 等（2014a）开发的滇池 EFDC 水动力水质模型的基础上进行调整和模型部分重构，重新开发 Linux 系统下运行的 EFDC 模型，利用康奈尔大学高级计算中心的高性能计算机 The Cube（http://thecube.cac.cornell.edu）进行并行运算，以研究模型不确定性问题。

3.3.1　EFDC 模型集成

EFDC 模型主要包括输入文件、运行程序和输出文件。运行程序是由 Fortran78 语言编程，本研究将源代码在 Linux 系统下重新集成，从而形成一个新的 EFDC 运行程序 a.out。计算平台为高性能计算机 The Cube，包括 32 位计算节点，千兆赫 8 核 E5-2680 CPU, 128 GB RAM。实际计算中根据计算机忙碌程度申请计算资源（核小时数）。操作界面采用 CYGWIN 软件，同过编写 Linux 脚本提交运算。

EFDC 输出文件主要包括水位、流速、温度、水龄、水质浓度等，具体输出网格在主控文件 EFDC.INP 和 WQ3DWC.INP 中设置（表 3.3）。本研究主要输出海埂点的水位和温度数据、全湖流速数据以及 8 个监测点的水质数据（Chla，DO，TN 和 TP）。

表 3.3　模型主要输入文件

文件类型	文件名
主控文件	EFDC.INP　WQ3DSD.INP　WQ3DWC.INP　SHOW.INP
网格文件	CELL.INP CELLT.INP DXDY.INP DXDY.INP LXLY.INP　GCELLMAP.INP MAPPGNS.INP
初始及重启文件	DYE.INP WQINI.INP SALT.INP RESTART.INP RESTRAN.INP
边界条件	ASER.INP DSER.INP QSER.INP PSER.INP SSERI WQPSC.INP WSER.INP TSER.INP SDER.INP SFSER.INP SSER.INP, etc.

注：不同版本 EFDC 文件名称有所不同

3.3.2 滇池 EFDC 三维水动力水质模型开发

1. 网格生成

为了能更精确地表示滇池的湖岸线，在本模型的开发中采用曲线网格法（而非笛卡儿网格）。曲线网格的优点是生成的网格可以更好地匹配湖的边界形状而无需划分太多数量的网络，在保证空间精度的情况下提高了计算效率。网格的生成首先是产生水平断面曲线以离散水体，接着采用湖泊水下地形数据资料来指定每个横格的深度。图 3.9 显示了最终生成的网格。整个湖体被水平划分为 697 个网

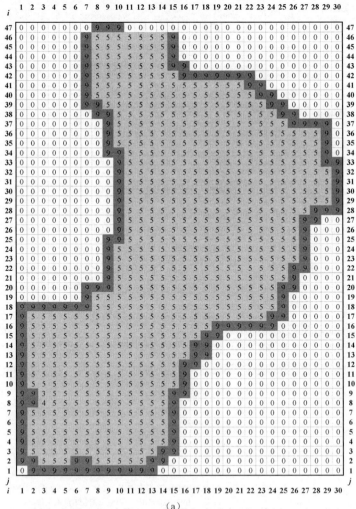

(a)

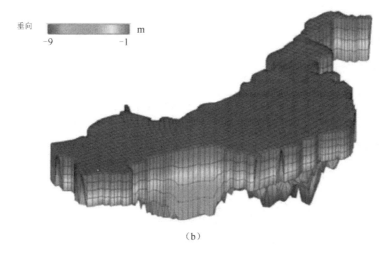

（b）

图 3.9　滇池模拟计算网格划分

格，其中最小的网格面积约为 0.09km^2，最大的网格面积约为 1.12km^2。虽然滇池是一个浅水湖，不存在明显的垂直热分层，但是，光和养分对浮游植物与水生植物的动力学影响需要通过表征光线的垂直变化以及在三维空间分辨率内的养分利用变化来反映。为此，在本模型中，水平网格进一步被切成 6 层，从顶部到底部共生成 4122 个计算网格来代表整个滇池。

2. 初始条件

初始条件是模型运算开始的重要起点，由于滇池的水力停留时间较长（约 2.4 年），初始条件的影响时段很长，合理的初始条件对滇池模拟的准确性非常重要（Wang et al., 2014a）。滇池 EFDC 模型的初始条件选择 2003 年初的观测值进行插值，采用 ArcMap 7.0 的反距离加权法（inverse distance weighted, IDW）进行网格插值。本书研究在 Wang 等（2014a）的基础上补充了藻类的插值数据。

底泥的初始条件依然选择初始模型的数据，该数据是通过循环模型初始条件直到计算结果稳定后确定的。

3. 边界条件

模型边界条件为模型外部驱动力，包括入湖河流的流量、温度、水质浓度及气象条件。气象条件包括太阳辐射、风速和风向、气温、气压、相对湿度、云量等。在滇池 EFDC 模型中，湖流和营养物质的水平边界条件的设置是以 2003～2004 年流域污染物输移模型的模拟结果确定的。水平边界条件的空间表示由模型网格中入湖口的地理坐标点决定。其中，气象条件以小时为尺度，河流输入数据以日为尺度。气象条件来源于昆明大观楼气象站小时监测数据，包括大气压力、空气温度、相对湿度、降水、蒸发、太阳辐射、云量、风速和风向等。风速、风向除大观楼外，还有呈贡站和晋宁站两个补充，通过拓扑结构分配在各个网格之中的权重。河流模拟 13 条河道，包括 11 条流入河流和 2 条流出河流。流入河流依次为盘龙江、大清河、宝象河、洛龙河、梁王河、柴河、古城河、东大河、西山到灰湾散流区、灰湾到白鱼口散流区和白鱼口到海口散流区；流出河流包括海口隧道和灌溉抽水。河流流量和浓度数据源自 Wang 等（2014a）开发的滇池流域模型，是基于美国国家环境保护局的广义流域负荷模型（generalized watershed loading function, GWLF）平台计算，包括 Bc、Bd、Bg、RPOC、LPOC、LDOC、RDOC、RPOP、LPOP、LDOP、RDOP、PO_4、RPON、LPON、LDON、RDON、NH_4、NO_3、DO 等状态变量。由于 GWLF 模型没有溶解氧模块，溶解氧部分采用观测值进行插值。模型大气沉降调整为 0.23mg/L PO_4，1.25 mg/L NH_4 和 1.25 mg/L NO_3，该沉降为湿沉降（降雨时沉降）。

经过对比设定模型计算步长为 10min（对比 1min 和 10min 发现计算结果一致），单次每年运算时间约为 10min，输出数据设定为每 6h 输出一次。

3.3.3 水动力水质校验结果

滇池 EFDC 水动力水质的验证过程分别为水动力水量平衡校验和水质校验。下面列举 Wang 等（2014a）的校验结果，将该模型作为本节研究的初始模型。水动力模型模拟时间为 2003 年 1 月 1 日至 2003 年 12 月 31 日。图 3.10 为水位校验结果，模型可以很好地模拟水位的逐日数据，说明水动力模型水量总体平衡。

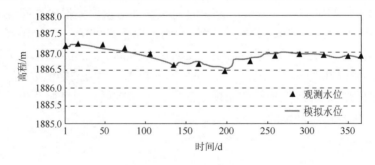

图 3.10　水位校验结果

图 3.11 表示 2013 年 1 月 15 日 12 时的流场情况，由经验可知，滇池为风驱动流场，流域常年盛行西南风。从图 3.11 中可以看出，在表层上流场出现北部逆时针大环流和南部顺时针小环流，底层水流向中部集中。由于滇池缺少流速观测数据，故不对流场进行校验。

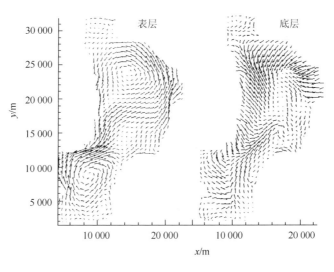

图 3.11　滇池表层与底层模拟流场图

　　水动力校验完毕后，对模型水质参数进行手动调参。EFDC 水质模型初始校验结果见图 3.12。选择灰湾中、观音山中和海口西分别作为滇池湖体北部、中部和南部的代表。由图 3.12 可知，观测值与模拟值吻合度较好。该模型将作为后续研究的初始模型。

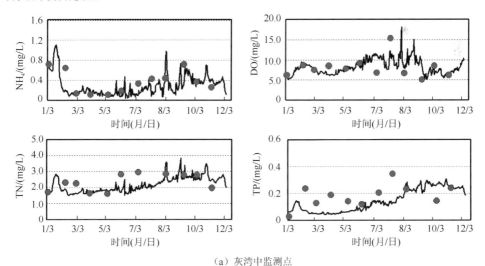

（a）灰湾中监测点

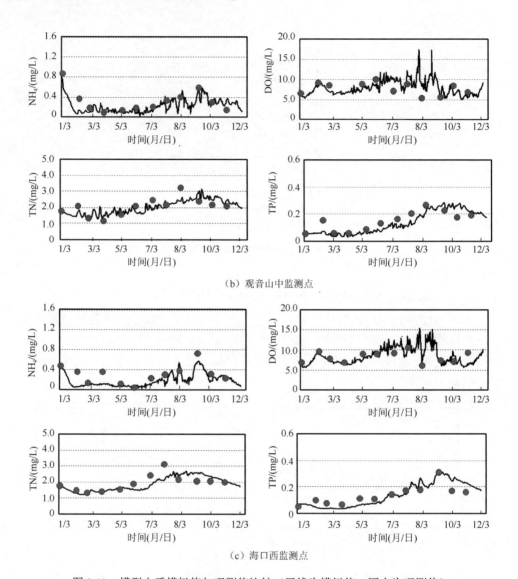

图 3.12　模型水质模拟值与观测值比较（黑线为模拟值，圆点为观测值）

3.4　本章小结

本章主要介绍了滇池的流域状况、EFDC 水动力水质模型和滇池 EFDC 水动力水质模型构建。滇池是中国的第六大淡水湖泊，近 30 年来富营养化问题严重，流域内的河流携带大量生活和农业污水进入湖泊，湖泊水动力过程较缓、流域水资源量匮乏、湖泊水力停留时间较长，湖泊自净能力较弱。自 1999 年以来，外海一直处于重度富营养化状况。由于流域内人口和社会压力过大，超出流域承载能力，滇池水环境修复工作异常艰巨。EFDC 模型被广泛应用在国内外重要流域中，本章基于前人在滇池 EFDC 三维水动力水质模型的研究成果，对模型进行了重新的集成和改动，为后续研究奠定了基础；重新集成 Linux 系统下的 EFDC 运行程序，并在高性能计算机上进行并行计算脚本编写；此外，还补充了初始水质的插值条件，精确了水质模型的初始状态。结果显示，EFDC 水动力水质模型可以很好地模拟湖泊的水动力情况和水量平衡关系，捕捉到水质的变化规律，该初始模型为后续研究提供了良好的基础。

第4章　EFDC 模型不确定性与敏感性分析

4.1　概　　述

水质模型作为一种研究水体"输入-输出"响应的定量分析工具，被广泛应用于水质管理的决策分析中（Vieira and Lijklema, 1989；Zou et al., 2007；Liu et al., 2008b）。计算机的发展以及数据质量的提高促进了复杂水质模型的发展，相应地能够获得水体水动力和生物化学反应更加精确的模拟（Castelletti et al., 2010）。一般来说，复杂水质模型常常通过大量的参数来表达水质动态过程，因此，如何准确率定所有参数的值成为模型研究的关键。通常大部分参数可以通过测量获得，其他参数则需要通过数值率定来寻找合适的值（Chapra, 1997；Zou and Lung, 2004）。然而，随着模型复杂程度的提高，参数率定的困难也随之增加，除了计算量的大幅度增加，参数之间的高度相关性以及目标空间的非线性、非凸性也提高了参数率定的难度（Gupta et al., 1998；Herman et al., 2013b）。因此，在研究一个模型时，如果能够提前分析模型的不确定性，并尽可能把一部分参数值固定，有助于降低参数率定的困难程度，研究表明，只有一小部分参数对模型输出结果构成较大的影响（Morris et al., 2014）。

敏感性分析被广泛应用于识别模型输出的主控因子研究（Saltelli et al., 2004；Janse et al., 2010；Makler-Pick et al., 2011；Nossent et al., 2011；Ciric et al., 2012；Neumann, 2012；Sun et al., 2012）。敏感性分析方法可以分为局部敏感性分析和全局敏感性分析，其中，全局敏感性分析可以通过同时变动所有因子来研究不同因子在整个多维空间中的影响，从而改进局部敏感性分析无法适应因子交互以及非线性模型的情况（Saltelli et al., 2008），是当前更为推荐的方法。然而，全局敏感性分析往往需要更多的计算成本（Campolongo et al., 2007），因此在复杂水质模型研究中并不常见。

基于 Makler-Pick 等（2011）对研究方法的建议：①计算成本；②研究因子交互关系的能力；③研究非线性和非凸性的能力；④分析输入数据要求；⑤输出数据敏感性分析的能力。本章选择 Morris 法和 SRRCs 法两种全局敏感性分析方法，对模型参数和外部驱动力进行敏感性分析，从而筛选出敏感因子。这两种方法较其他敏感性分析方法，如基于方差敏感性分析方法[Sobol 法（Saltelli, 2002）和 EFAST 法（Saltelli et al., 1999）等]，其计算量更少。但 SRRCs 法要求模型趋于线性，因此，本章主要采用 Morris 法，并辅以 SRRCs 法进行结果的对比。首先，采用 Morris 法对 47 个模型参数和 7 个外部驱动力进行敏感性分析，在分析之前，对 Morris 法的样本数量、取值范围以及输出度量进行比对分析，以研究不同敏感情景的一致性。针对不同的水质指标提取敏感性参数，并与 SRRCs 法的结果进行对比，验证结果的可靠性。接着，再对 7 个驱动力进行不确定性分析和敏感性分析，采用蒙特卡罗模拟（拉丁超立方抽样）进行模型模拟，分析外部驱动力对水质输出的不确定影响，进而基于此抽样，采用 SRRCs 法进行敏感性分析，以此得到不同驱动力对结果的定量贡献并筛选出敏感的因子。

此外，复杂水质模型往往可以模拟时空变异，而目前常见的做法是分析特定时间（Morris et al., 2014；Li et al., 2015）或者将输出结果整合成一个平均的数值（Salacinska et al., 2010）。这类方法常常丢失大量的信息，无法对模型全部模拟过程进行详细的分析。对于湖泊或水库水体，往往由于气候、水动力、输入污染物以及水底地形等因素而存在固有的时空差异。对于一个多维模型，敏感性因子也可能会随着时间和空间发生变化（Herman et al., 2013a, 2013c；Wang et al., 2013），因此，本章在敏感性分析的基础上，进行时空变异的敏感性分析。

除了参数之外，外界驱动力也是影响模型结果的重要因子，识别重要的外界驱动力，有助于了解整个湖泊的主要影响因子，从而在管理决策中可以针对最有效的因子提出管理措施。因此，研究外部驱动力对大型湖泊的水动力和水质模拟结果的不确定性和敏感性具有重要的研究意义（秦伯强，2009；丁艳青等，2011；李一平等，2014）。拉丁超立方抽样法是一种分层的蒙特卡罗抽样方法，可以准确反映输入数据的概率函数分布，通过分层抽样，可以大大减少样本量的需求，被广泛应用在仿真模拟、优化计算等方面（施小清等，2009；李一平等，2014）。本章以滇池为案例，选取初始水位、入出流量、温度、风速和入湖负荷量（包括 C、N、P）等 8 个外部驱动力，利用 LHS 法对其进行随机取样研究不确定性，并利用 SRRCs 法对外部驱动力进行敏感性分析，量化每个驱动力对模拟结果不确定性的贡献率，从而找出对模型结果影响最大的驱动力，为湖泊水动力水质管理提供技术支持。

4.2　EFDC 模型的异参同效现象

由于水质模型是一个复杂的非线性模型，通常并不存在唯一的最优参数值组合，而是存在多组效果类似的参数组合，这是模型不确定性的主要来源。为了验证 EFDC 模型的参数不确定性，本节采用 LHS 法对滇池 EFDC 水质模型进行抽样分析。在参数空间中，随机抽样 10 000 个样本，分别计算各样本的目标函数，即 RMSE。RMSE 表示模型输入结果与观测结果之间的差异性，RMSE 越大则差异性越大，也就是模型模拟结果越差。图 4.1 为参数样本（Dc, RMSE）的散点图，对应指标分别为 Chla，DO，TN 和 TP。

从图 4.1 中可以看出，在同一指标中，不同的 Dc 取值都可以取得接近的 RMSE 值，而同一个 Dc 取值，也会获得不同的 RMSE 值。这是由于 Dc 参数与其他参数相互组合造成的，也就是异参同效性。可以看出，EFDC 模型的异参同效性很大，模型的不确定性也相应较大，因此，了解模型不确定性并识别出敏感性因子是研究模型的首要任务。

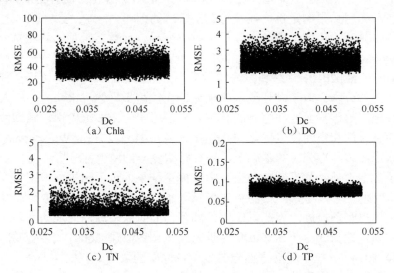

图 4.1   目标函数 RMSE 和藻类捕食死亡率 Dc（每天）的对应关系图

4.3   不确定性和敏感性分析方法

本章研究主要通过 LHS 法进行不确定性分析，并基于 Morris 法和 SRRCs 法进行敏感性分析，主要研究过程参见图 4.2。

4.3.1   LHS 不确定性分析

模型不确定性是建模过程中的假设、边界条件以及参数率定等一系列因素造成的偏差，从而使得模型与实际系统中存在无可避免的差异。通过不确定性分析，可以有效分析模型的可靠性以及模型对决策产生的风险程度，此外还可以改进和提高模型。根据来源模型不确定性可以分为输入数据不确定性、模型结构不确定性以及模型参数不确定性（金树权, 2008）。由于 EFDC 模型是一个有限元模型，在结构拆解中存在困难，因此，本章只进行输入数据（外部驱动力）以及参数不确定性研究。

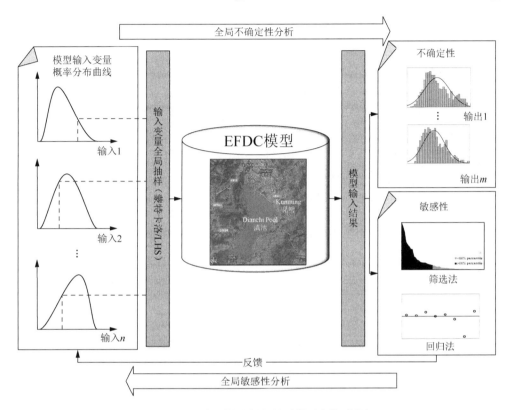

图 4.2　不确定性分析与敏感性分析概念图

通过 LHS 法对输入因子（参数或外部输入条件，记 k 个）进行 n 组抽样，每一个因子 $x_1,x_2,\cdots,x_k$ 在各自取值范围内等分为 n 组，每一组随机抽取一个值，这样 n 个 k 维变量组合成 n 组样本输入变量。将每组参数带入 EFDC 模型进行计算得到对应的 n 个 k 维输出结果，储存 EFDC 模型每次水质模拟文件 WQSWC.OUT。重复上述步骤，直到所有随机变量取值模拟完毕。由于 EFDC 模型计算时间较长，本次计算采用 200 个 CPU 并行计算方式。

接着进行 LHS 不确定性分析。对 $n \cdot k$ 个输入结果进行排序，其中最小的达标累积概率为 $1/n$，次小的输入结果为 $2/n$，依次计算每个预测结果的累积概率，从而得到输出结果的概率分布函数。其中，第 m 个输入结果为 $m/n \times 100\%$（Manache and Melching, 2004；施小清等, 2009；李一平等, 2012）。由于 EFDC 模型输入结果为多维时间序列结果，本节在进行不确定性分析时，分别开展时间序列的不确定性研究以及空间差异的不确定性研究。选取 5%、95%代表输入条件变化产生的不确定性边界，其中 5%为上边界，95%为下边界。

4.3.2 敏感性分析方法

Morris 法是一种常见的用于区分模型敏感性（influential）和非敏感性（non-influential）因子的敏感性分析方法（Herman et al., 2013a）。本节选取 47 个水质参数以及 7 个外部驱动力（表 4.1）进行 Morris 敏感性分析。具体参数及驱动力设置参见表 4.2。

表 4.1 模型主要参数及初始值

参数	解释	单位	初始值	参数	解释	单位	初始值
Pc	蓝藻最大生长率（每天）	—	2.95	Sg	绿藻沉降速率	m/d	0.15
Pd	硅藻最大生长率（每天）	—	2.8	SRP	难溶有机物沉降速率	m/d	0.2
Pg	绿藻最大生长率（每天）	—	2.5	SLP	可溶有机物沉降速率	m/d	0.2
Rc	蓝藻基础代谢率（每天）	—	0.14	KLN	LPON 水解率（每天）	—	0.04
Rd	硅藻基础代谢率（每天）	—	0.15	KDN	DON 衰减率（每天）	—	0.05
Rg	绿藻基础代谢率（每天）	—	0.14	KLP	LPOP 水解率（每天）	—	0.04
Dc	蓝藻捕食死亡率（每天）	—	0.04	KDP	DOP 衰减率（每天）	—	0.05
Dd	硅藻捕食死亡率（每天）	—	0.15	KLC	LPOC 水解率（每天）	—	0.05
Dg	绿藻捕食死亡率（每天）	—	0.04	KDC	DOC 衰减率（每天）	—	0.07
KEb	消光背景系数（每米）	—	0.3	KN	硝化系数（每天）	—	0.05
KEc	Chla 消光系数（每单位浓度下每米）	—	0.012	DOPTc	蓝藻生长深度	m	1
KHNc	蓝藻氮半饱和系数	mg/L	0.02	DOPTd	硅藻生长深度	m	1
KHNd	硅藻氮半饱和系数	mg/L	0.02	DOPTg	绿藻生长深度	m	1
KHNg	绿藻氮半饱和系数	mg/L	0.02	KTG1c	蓝藻次优温度系数下限	—	0.008
KHPc	蓝藻磷半饱和系数	mg/L	0.001	KTG2c	蓝藻次优温度系数上限	—	0.008
KHPd	硅藻磷半饱和系数	mg/L	0.001	KTG1d	硅藻次优温度系数下限	—	0.005
KHPg	绿藻磷半饱和系数	mg/L	0.001	KTG2d	硅藻次优温度系数上限	—	0.012
TMc1	蓝藻生长温度下限	℃	26	KTG1g	绿藻次优温度系数下限	—	0.008
TMc2	蓝藻生长温度上限	℃	30	KTG2g	绿藻次优温度系数上限	—	0.008
TMd1	硅藻生长温度下限	℃	10	CPprm1	碳磷比		42
TMd2	硅藻生长温度上限	℃	15	Wser	风速调整系数		1
TMg1	绿藻生长温度下限	℃	22	C_N	北部碳削减率		1
TMg2	绿藻生长温度上限	℃	25	C_S	南部碳削减率		1
TMp1	大型藻生长温度下限	℃	18	N_N	北部氮削减率		1
TMp2	大型藻生长温度上限	℃	25	N_S	南部氮削减率		1
Sc	蓝藻沉降速率	m/d	0.1	P_N	北部磷削减率		1
Sd	硅藻沉降速率	m/d	0.25	P_S	南部磷削减率		1

表 4.2 主要外部驱动力

外部驱动力	解释	单位	初始值
C_p	碳负荷削减率	—	1
N_p	氮负荷削减率	—	1

续表

外部驱动力	解释	单位	初始值
P_p	磷负荷削减率	—	1
Inflow	入流量	—	1
Outflow	出流量	—	1
HADJ	初始水位	m	−0.23
Wser	风速	—	1
T	温度	℃	—

此外，SRRCs 法被用于对比 Morris 法的结果以及进行外部驱动力不确定性分析。SRRCs 法的限制条件是只有确定性系数 $R^2 \geqslant 0.7$ 时才认为回归方法成功（Saltelli et al., 2004；Manache and Melching, 2008），因此该方法并不适用于所有状况。在与 Morris 法进行参数敏感性结果对比时，由于 SRRCs 法不适用于参数数目过大的情况，选取 Morris 法得到的前 40%的敏感性参数进行分析和对比。

4.3.2.1 Morris 敏感性分析

Morris 法是由 Morris 于 1991 年提出，后经过 Campolongo 等（2007）改进的一种全局敏感性分析方法。它基于 OAT 法的实验设计，适用于分析参数众多且运算负荷较大的模型，被广泛应用于因子固定（factor fixing）和敏感性分析（Herman et al., 2013a, 2013b；King 和 Perera, 2013；Wang et al., 2013；Morris et al., 2014）中。因子 x_i 的基本影响：

$$\mathrm{EE}_i = \frac{f(x_1, \cdots, x_i, \cdots, x_n) - f(x)}{\varDelta_i} \tag{4.1}$$

式中，EE_i 是第 i 个因子的基本影响，$f(x)$ 代表轨迹初始点，n 表示模型因子个数，$\varDelta_i$ 为扰动网格大小。敏感性指数 μ_i^* 如下：

$$\mu_i^* = \frac{1}{N} \sum_{j=1}^{N} \left| \mathrm{EE}_i^j \right| \tag{4.2}$$

式中，EE_i^j 代表第 i 个因子在轨道 j 上的基本影响。

因子的非线性\因子之间的交互性为

$$\sigma_i = \sqrt{\frac{1}{N-1} \sum_{j=1}^{N} \left[\mathrm{EE}_i^j - \frac{1}{N} \sum_{j=1}^{N} \mathrm{EE}_i^j \right]^2} \tag{4.3}$$

4.3.2.2 SRRCs 法

SRRCs 法基于蒙特卡罗模拟的模型输出多元线性回归的原理（Saltelli et al.,

2004）。该方法要求模型"输入-输出"关系呈线性，因此也可以通过转换成相应序列的方法尽量提高线性关系（Li et al., 2015），也就是 SRRCs 法。SRRCs 法的计算公式如下（Saltelli et al., 2004；Helton et al., 2006）：

$$(\hat{y} - \overline{y}) / \hat{s} = \sum_{i=1}^{k} (b_i \hat{s}_i / \hat{s})(x_i - \overline{x}_i) / \hat{s}_i \qquad (4.4)$$

式中，$x_i, \hat{y}$ 分别是第 i 个输入变量和输出结果 y 的对应顺序；$\overline{x}_i$ 和 $\hat{s}_i$ 分别是 x_i 的平均值和方差；$\overline{y}$ 和 $\hat{s}$ 分别是输出的平均值和方差；系数 $b_i \hat{s}_i / \hat{s}$ 是 SRRCs 的第 i 个参数。SRRCs$_i^2$ 代表输入变量对输出的贡献。通常认为，当 $R^2 \geqslant 0.7$ 时，回归法的结果可以被敏感性分析接受（Saltelli et al., 2004；Manache and Melching, 2008），较低的 R^2 则代表结果的不确定性较大（Sin et al., 2011）。

$$R^2 = \sum_{i=1} SRRCs_i^2 \qquad (4.5)$$

式中，SRRCs$_i$ 是指第 i 个因子的标准秩序回归系数。

4.3.2.3　计算实验设计

1. Morris 稳健性实验

对于 Morris 法来说，样本数量 r 决定了计算次数，并与验证敏感性结果是否收敛有关（Ciric et al., 2012；Gamerith et al., 2013；Wang et al., 2013）。为了平衡计算次数以及敏感性结果收敛情况，样本数量至关重要。因此，本章对比多个样本数量，用来估计样本数量的影响。本章选择样本数量 20、40 和 60（Ciric et al., 2012；Gamerith et al., 2013；Herman et al., 2013b）进行计算，相应的模型运算次数为 1100 次、2200 次和 3300 次。然后，对参数取值范围的影响进行分析，确定合适的样本个数后，将参数取值范围等比例从±20%扰动放大到±50%扰动。由于风速以及藻类生长最优温度范围（TMc1, TMc2, TMd1, TMd2, TMg1, TMg2, TMp1, TMp2）扰动过大会造成模型运算失误，这 9 个参数维持±20%的扰动范围。敏感性分析其他参数设置为 $p=8$ 层，单次跳跃 4 个网格。

2. 不同模型度量设计

由于 EFDC 模型的输出结果是一个时间序列变量而不是一个直接的数值，如何选择输出变量的度量方法对模型行为以及敏感性分析可能会产生影响。因此，本章选择不同度量方式分别进行敏感性分析，以分析度量方式的影响。具体度量方式设计如下：年平均浓度，表示水质输出结果总体水平；水质浓度峰值，表示全年中水质最差情况（Liu et al., 2014）；RMSE 和相对误差（relative error, RE）

反映观测值以及模型模拟值的关系（Herman et al., 2013b, 2013c；Ahmadi et al., 2014）。其中，前两个度量是水质管理的重要指标，后两者则常用于评估模型率定表现（常见于模型诊断研究中）。不同的度量方式可以得到不同目的下（如管理决策或模型率定）不同控制因子对模型结果的影响：

年平均浓度为

$$\text{AVER}_k = \frac{\sum\limits_{p}^{P}\sum\limits_{t}^{T} C_{p,t,k}}{PT} \tag{4.6}$$

水质浓度峰值为

$$\text{MAX}_k = \frac{\sum\limits_{p}^{P} \max C_{p,t,k}}{P} \tag{4.7}$$

均方根误差为

$$\text{RMSE}_{p,k} = \sqrt{\frac{\sum\limits_{t}^{T}(C_{p,t,k} - \hat{C}_{p,t,k})^2}{T}} \tag{4.8a}$$

全湖平均　　　$$\text{RMSE}_k = \frac{\sum\limits_{p}^{P} \text{RMSE}_{p,k}}{P} \tag{4.8b}$$

相对误差为

$$\text{RE}_{p,k} = \frac{\sum\limits_{t}^{T}(C_{p,t,k} - \hat{C}_{p,t,k})}{\sum\limits_{t}^{T} \hat{C}_{p,t,k}} \tag{4.9a}$$

全湖平均　　　$$\text{RE}_k = \frac{\sum\limits_{p}^{P} \text{RE}_{p,k}}{P} \tag{4.9b}$$

式中，P 代表监测点个数；T 代表时间长度（对于平均值和最大值，指全年模拟天数；对于 RMSE 和 RE，则指有观测数据的天数）；k 代表第 k 个水质指标；$C_{p,t,k}$ 代表模型模拟水质浓度，$\hat{C}_{p,t,k}$ 代表水质浓度观测值；AVER_k 代表 P 个监测点全年浓度平均值；MAX_k 代表全湖平均浓度峰值；RMSE_k 代表第 k 个水质指标的全湖平均均方根误差，$\text{RMSE}_{p,k}$ 代表第 p 个监测点的均方根误差；RE_k 代表第 k 个水质指标的全湖平均相对误差，$\text{RE}_{p,k}$ 代表第 p 个监测点的相对误差。

3. SRRCs 实验设计

对于参数敏感性分析，首先选择 Morris 法得到前 40%的参数，进而基于拉丁超立方抽样获取 10 000 次蒙特卡罗模拟。由于不同度量方式的 R^2 可能无法大于 0.7，因此本章只列举 $R^2 \geqslant 0.7$ 的敏感性分析结果，最后与 Morris 法的结果进行比对。

对于外部驱动力的敏感性分析研究，首先分析蒙特卡罗模拟的收敛性。设计 100、200、400、800、2000 个样本数量进行模拟，检验蒙特卡罗模拟的收敛性。接着，分析不同外部驱动力对湖体水质的影响力，筛选出最敏感的驱动力因子，这有助于识别水环境中最有影响的驱动力，可以为水环境修复提供信息。

4.4 EFDC 模型参数及外部输入条件分布

4.4.1 EFDC 模型参数分布

当无法确定模型参数服从哪种概率分布时，一般将各参数设定为均匀分布。EFDC 模型参数应用范围广泛，参数取值范围各有不同。研究综合经验取值范围及初始值上下限，首先确定参数检验的先验范围。通过对比不同取值范围，研究取值范围对敏感性结果的影响。主要研究的参数参见表 4.1。其中，初始值为 Wang（2014a）首次建立的 EFDC 滇池模型。Morris 法参数范围需要进行讨论，SRRCs 法参数范围则固定在初始值的± 30%区间内。

一般来说，参数范围越大，则模型因为参数的不确定性导致的模型输出结果的不确定性越大。参数数量的增加，会使不确定性产生几何倍数的递增，为了避免"维度诅咒"，识别出敏感的参数至关重要。

4.4.2 外部驱动力选择与分布

针对 8 个不同的外部驱动力（表 4.2），分析外部输出对水质和水动力的不确定影响。为去除参数不同对结果造成的影响，选择 10 组参数依次采用拉丁超立方抽样法进行驱动力抽样，再带入模型中计算，从而统计模拟结果的概率分布，并进行不确定性分析。通过大量样本的分析可以避免不确定因素的相互干扰（张质明，2013），从而在复杂的系统下得到合理的结果。接着，采用 SRRCs 法对驱动力进行敏感性分析，筛选出最敏感的可控和不可控模型输入变量（图 4.3）。

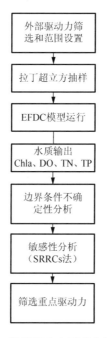

图 4.3　外部驱动力不确定性分析

4.5　EFDC 模型参数不确定性分析和敏感性分析结果

4.5.1　参数不确定性分析结果

以湖体水质浓度平均值为例，蒙特卡罗模拟法模拟的 Chla、DO、TN 和 TP 水质指标浓度条形时间序列轨迹如图 4.4 所示。其中，总体（浅蓝色趋势带）看来 TN、TP 的不确定性较小，而 Chla 和 DO 的不确定性较大。但从分布上看，90% 的样本（深蓝色趋势带）分布范围大幅度变窄，尤其是 TN 和 TP，这说明 TN 和 TP 的不确定性较小。Chla 和 DO 不确定性较大可能是因为这两种物质在一天内的变化幅度较其他指标更大。例如，DO 在一天内受光照和温度影响会出现多次峰值，所以步长为 1 天的模型输出结果可能无法满足其模拟精度（张质明，2013）。而 TN 和 TP 的变化幅度在一天内没有较大的浮动，因此，在模型输出结果上不确定性相对较小。50% 的样本分布（红色趋势带）的带宽大幅度下降，说明这 4 种指标在模型结果上趋势相似。

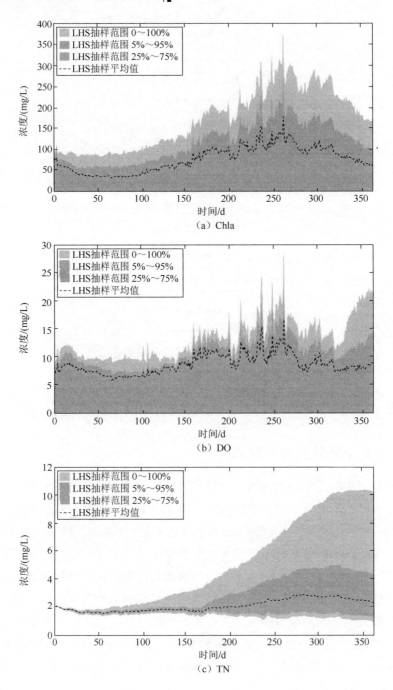

（a）Chla

（b）DO

（c）TN

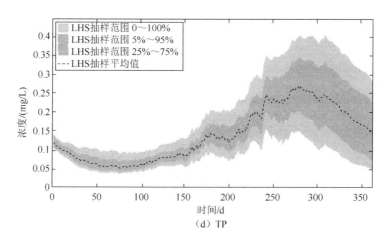

图 4.4 EFDC 模型参数蒙特卡罗模拟整体趋势带输出（见书后彩图）

从时间趋势上看，Chla 的模拟在夏秋两季的不确定性大于冬春两季，这可能是因为 Chla 模拟过程中夏秋两季的温度较高且光照较强，因此模型中藻类的活跃性较强。DO 的不确定性全年较为一致，这可能是因为滇池处于亚热带地区，四季如春，对 DO 影响较大的因素——温度变化并不是很大。TN 的不确定性在进入夏季后开始大幅度提高，这可能是因为模型不确定性的累积作用。由于 EFDC 是一个时间序列模型，下一步的计算要基于前一步的结果，当前一步出现不确定时，有可能会累积到后续的时间序列中。TP 不确定性在秋季时最高，这也有可能是因为不确定性出现累积情况。Chla 和 DO 的浓度受到外界驱动力的影响较大，例如，可能会突然出现水华，因此这两者并没有像 TN 和 TP 一样出现不确定性累积情况。由此可见，对于同一个参数范围，随着输入条件的改变，不同的参数对模型造成的不确定性可能会随着时间发生变化。此外，不确定性的来源广泛，一般是多种输入条件组合变化的结果，而不是单一变量变化的结果。

下面从空间来看，选择模型全年运行的 Chla、DO、TN 和 TP 的年平均浓度作为输出目标，针对 10 000 组参数组合对模拟输出的影响进行不确定性分析。通过 5%、95%抽样结果和平均值以及标准差来量化参数的不确定性（图 4.5～图 4.8）。

1. Chla 空间不确定性分析

10 000 个 LHS 抽样组合对 Chla 浓度的不确定性结果表明滇池湖区的 5%、95%抽样结果和平均值呈现一定的空间差异性，如图 4.5（a）～图 4.5（c）所示。其中，北部灰湾中和罗家营、中部观音山中和白鱼口、东部观音山东、西部观音山西、南部海口西和滇池南的 5%抽样结果依次为 52.13μg/L、49.95μg/L、43.90μg/L、

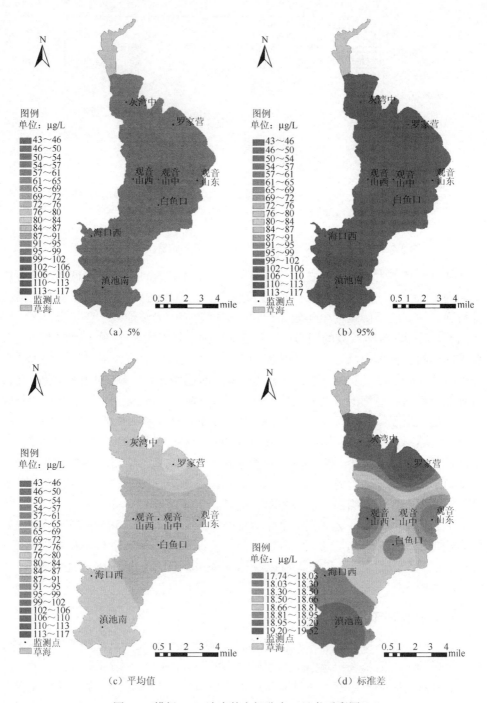

图 4.5　模拟 Chla 浓度的空间分布（见书后彩图）

47.02μg/L、46.84μg/L、46.77μg/L、48.57μg/L 和 49.84μg/L；95%抽样结果依次为 115.94μg/L、111.89μg/L、104.94μg/L、109.05μg/L、105.73μg/L、104.31μg/L、111.30μg/L 和 111.50μg/L；平均值依次为 81.16μg/L、77.89μg/L、72.05μg/L、75.24μg/L、73.41μg/L、72.50μg/L、77.10μg/L 和 77.81μg/L。由于滇池底部呈现四面浅中间深的形状，且北部尤其是灰湾中附近有大量污染物的流入，Chla 浓度主要呈现北部>南部>中部的空间分布趋势。各频率下水质浓度空间变化梯度也各不相同，95%变化梯度最大，平均值和 5%的空间变化梯度相近。此外，5%浓度<平均值浓度<95%浓度，说明参数不确定性对 Chla 浓度的不确定性有显著的影响。

参数不确定性对 Chla 浓度的不确定性的影响，本节也通过 10 000 组样本的标准差进行了量化，如图 4.5（d）所示。标准差越大表明不确定性的影响越大。从图 4.5（d）中可以看出，不确定性最大的地方集中在北部灰湾中和罗家营监测点；其次是南部湖体海口西和滇池南；再次是中部湖体观音山中、白鱼口；观音山西和观音山东监测点受到的不确定影响最小。不确定性标准差变化范围为 17.74～19.52。

综上所述，以 Chla 的浓度为输出结果时有如下结论：①湖体北部和南部受到的不确定性影响最大；②湖泊两端（北部和南部）的浓度最高，可能是受到外界污染负荷输入以及湖泊地形的影响。因此，湖泊的形状、地形、负荷、流场等都可能是导致湖泊 Chla 浓度不确定性的主要因素。

2. DO 空间不确定性分析

10 000 个 LHS 抽样组合对 DO 浓度的不确定性结果表明滇池湖区的 5%、95%抽样结果和平均值较 Chla 浓度分布呈现更明显的空间差异性（图 4.6）。其中，北部灰湾中和罗家营、中部观音山中和白鱼口、东部观音山东、西部观音山西、南部海口西和滇池南的 5%抽样结果依次为 7.57mg/L、7.36mg/L、6.85mg/L、7.47mg/L、7.37mg/L、7.69mg/L、7.64mg/L 和 7.90mg/L；95%抽样结果依次为 9.65mg/L、9.29mg/L、8.94mg/L、9.56mg/L、9.12mg/L、9.37mg/L、9.60mg/L 和 9.67mg/L；平均值依次为 8.54mg/L、8.24mg/L、7.85mg/L、8.45mg/L、8.17mg/L、8.45mg/L、8.55mg/L 和 8.72mg/L。可以看出，近岸处的监测点 DO 浓度相对较高，这可能是因为近岸处有河流流入，在基本的风驱动流场上会产生一定的入流驱动流场，因此有助于水体充氧。各频率下水质浓度空间变化梯度也各不相同，5%变化梯度最大，平均值其次，95%的空间变化梯度最低。此外，5%浓度<平均值浓度<95%浓度，说明参数不确定性对 DO 浓度的不确定性有显著的影响。

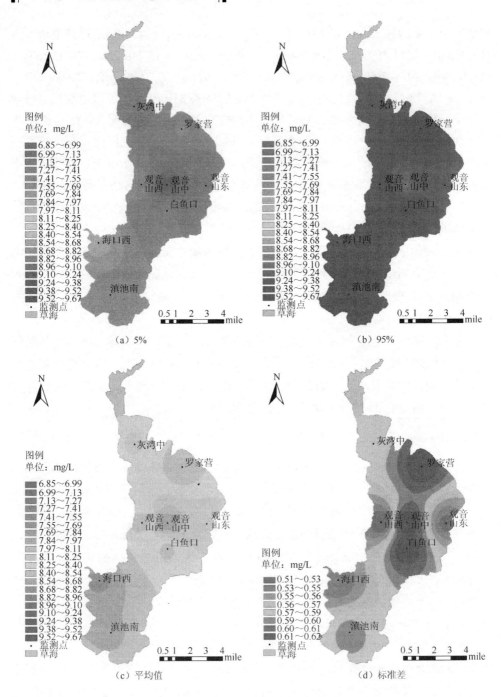

图 4.6　模拟 DO 浓度的空间分布

参数不确定性对 DO 浓度的不确定性的影响，本节也通过 10 000 组样本的标准差进行量化，如图 4.6（d）所示。标准差越大表明不确定性的影响越大。从图 4.6（d）中可以看出，不确定性最大的地方集中在北部灰湾中和中部湖体观音山中、白鱼口附近；其次是罗家营和滇池南监测点；海口西、观音山西和观音山东监测点受到的不确定影响最小。不确定性标准差变化范围为 0.51～0.62。

综上所述，以 DO 的浓度为输出结果时有如下结论：①湖体北部和中部受到的不确定性影响最大；②湖泊沿岸的 DO 浓度最高，可能是受到入流扰动的流场影响。因此，湖泊的形状、地形、负荷、流场等都可能是导致湖泊 DO 浓度不确定性的主要因素。

3. TN 空间不确定性分析

10 000 个 LHS 抽样组合对 TN 浓度的不确定性结果表明，滇池湖区的 5%、95%抽样结果和平均值呈现一定的空间差异性（图 4.7）。其中，北部灰湾中和罗家营、中部观音山中和白鱼口、东部观音山东、西部观音山西、南部海口西和滇池南的 5%抽样结果依次为 1.80mg/L、1.77mg/L、1.61mg/L、1.58mg/L、1.63mg/L、1.55mg/L、1.46mg/L 和 1.44mg/L；95%抽样结果依次为 3.15mg/L、3.12mg/L、2.99mg/L、2.93mg/L、2.97mg/L、2.88mg/L、2.89mg/L 和 2.88mg/L；平均值分别为 2.30mg/L、2.27mg/L、2.13mg/L、2.08mg/L、2.12mg/L、2.04mg/L、2.01mg/L 和 2.00mg/L。由于滇池 TN 主要来自外部河流输入的 TN 污染物，TN 浓度基本呈现北部>中部>南部的空间分布趋势。各频率下 TN 水质浓度空间变化梯度基本一致。此外，5%浓度<平均值浓度<95%浓度，说明参数不确定性对 TN 浓度的不确定性有显著的影响。

参数不确定性对 TN 浓度的不确定性的影响，本节也通过 10 000 组样本的标准差进行量化，如图 4.7（d）所示。标准差越大表明不确定性的影响越高。从图 4.7（d）可以看出，不确定性的影响呈现自北向南递增的情况，不确定性标准差变化范围为 0.43～0.46，从数值上可以看出，不确定性的影响差异性并不是特别大，因此，TN 总体上不确定性的影响在空间上处于一个较为稳定的状态。

综上所述，以 TN 的浓度为输出结果时有如下结论：①湖体不确定性影响从北向南递增，但总体空间差异不大；②湖泊 TN 浓度自北向南递减，可能是受到外界污染负荷输入以及湖泊地形的影响。因此，外界污染负荷输入可能是导致 TN 不确定性的最重要因素。

4. TP 空间不确定性分析

10 000 个 LHS 抽样组合对 TP 浓度的不确定性结果表明，滇池湖区的 5%、95%抽样结果和平均值呈现一定的空间差异性（图 4.8）。其中，北部灰湾中和罗

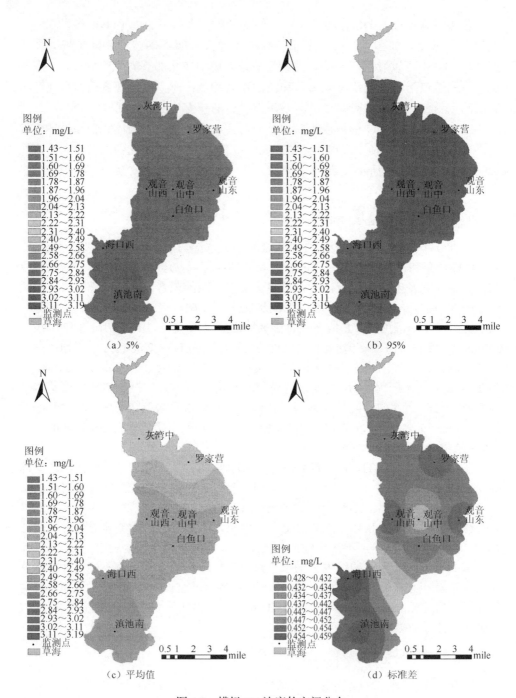

图 4.7　模拟 TN 浓度的空间分布

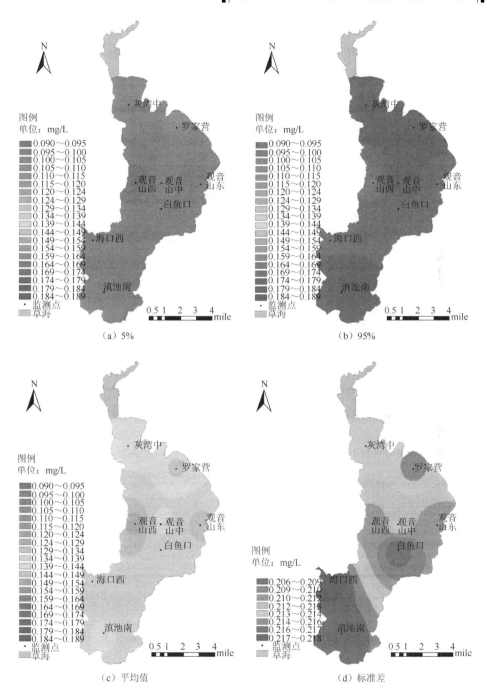

图 4.8　模拟 TP 浓度的空间分布

家营、中部观音山中和白鱼口、东部观音山东、西部观音山西、南部海口西和滇池南的 5%抽样结果依次为 0.112mg/L、0.108mg/L、0.110mg/L、0.103mg/L、0.100mg/L、0.094mg/L、0.106mg/L 和 0.102mg/L；95%抽样结果依次为 0.18mg/L、0.182mg/L、0.178mg/L、0.180mg/L、0.171mg/L、0.164mg/L、0.177mg/L 和 0.174mg/L；平均值依次为 0.145mg/L、0.141mg/L、0.143mg/L、0.134mg/L、0.132mg/L、0.126mg/L、0.140mg/L 和 0.136mg/L。TP 主要来源于入湖河流携带的污染物，由于南部农业面源污染，TP 浓度呈现南北高中间低的现象。各频率下水质浓度空间变化梯度也各不相同，95%变化梯度最大，平均值和 5%的空间变化梯度相近。此外，5%浓度<95%浓度<平均值浓度，说明参数不确定性对 TP 浓度的不确定性有显著的影响。

　　参数不确定性对 TP 浓度的不确定性的影响，本节也通过 10 000 组样本的标准差进行量化，如图 4.8（d）所示。标准差越大表明不确定性的影响越高。从图 4.8（d）可以看出，不确定性最大的地方集中在南部和北部灰湾中，中部湖白鱼口监测点受到的不确定影响最小。不确定性标准差变化范围为 0.206～0.218。

　　综上所述，以 TP 的浓度为输出结果时有如下结论：①湖体南部受到的不确定性影响最大；②湖泊两端（北部和南部）的浓度最高，可能是受到外界污染负荷输入以及湖泊地形的影响。

　　对比 4 种不同指标的不确定性分析结果可以得到以下结论：①不同指标浓度分布具有较大差异，但不同指标之间的差异梯度不同；②参数不确定性对模型的输出结果影响不同，且影响大小各异；③不同指标不确定性的空间差异性不同，如 DO 的差异性要大于 TN；④不确定性的来源很多，如湖体地形、流场、温度、外界污染负荷等。此外，不同污染物的内在性质也导致不确定性影响的不同。

4.5.2　EFDC 模型参数敏感性分析结果

4.5.2.1　不同参数配置的影响

1. 样本数量对敏感性收敛的影响

　　全局敏感性分析的目标是在合理计算负荷情况下得到满意的结果。正如本章开始提到，本章研究是测试不同的样本数量（即 20、40 和 60）。图 4.9 是 Chla、DO、TN 和 TP 不同样本数量因子敏感性排序的两两对比图。通过 Morris 因子对参数进行敏感性排序（Morris 因子最高的排序为 1，依次排序）。决定系数 R^2 和 Spearman 秩序相关系数用于量化不同参数配置结果对比的相关性，其中，Spearman 秩序相关系数的公式为

$$\rho = \frac{\sum (x_i' - \overline{x}')(y_i' - \overline{y}')}{\sqrt{\sum (x_i' - \overline{x}')^2 (y_i' - \overline{y}')^2}} \qquad (4.10)$$

式中，x_i' 和 y_i' 为第 i 个变量 x_i 和 y_i 的秩序；$\overline{x}'$ 和 $\overline{y}'$ 为平均值。

线性相关系数 R^2 和 Spearman 秩序相关系数在 20/40 和 40/60 情况下都较高（>0.95），这表示在较小样本数量（20）时即有较好的收敛结果（图 4.9）。另外，图 4.9 中显示 R^2 在 20/40 和 40/60[图 4.9（a）和图 4.9（b）]情况下有细微的升高，说明随着样本数量的提高，敏感性分析会越发趋近收敛点。

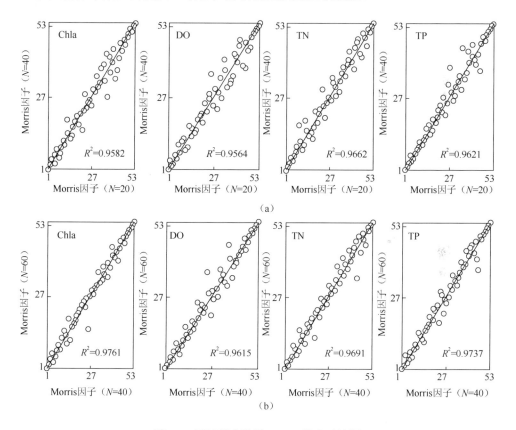

图 4.9　不同样本数量 Morris 排序对比图

1～54 表示最敏感～最不敏感

从图 4.9 中也可以看出，在两端的敏感性排序（最敏感和最不敏感）中不同样本数量的结果更趋于一致，这说明 Morris 法可以在一个较小的样本数量中捕捉到最敏感和最不敏感因子。该发现与 Herman 等（2013b）的发现一致。

为了进一步验证模型结果的一致性，采用卡方检验（Chi-square test）评价敏感性结果是否因样本数量的变化具有显著性区别。卡方检验是以 χ^2 分布为基础的一种常见的假设方法，其基本思想是假设 H_0（无效假设：观察值与期望值频数没有差别），基于假设 H_0 计算 χ^2 值，表示观察值与期望值的偏离程度：

$$\chi^2 = \sum \frac{(A-E)^2}{E} = \sum_i^k \frac{(A_i - E_i)^2}{E_i} \tag{4.11}$$

式中，A_i 代表 i 水平的观察值频数；E_i 为 i 水平下的期望频数；k 为单元个数。在本节中，A 和 E 分别代表两组不同参数设计所得的敏感性因子排序。设检验水平为 α，自由度水平为 $(n-1)$，则 $\chi^2_{\alpha,(n-1)}$ 为 χ^2 的临界值，当 $\chi^2 > \chi^2_{\alpha,(n-1)}$，则拒绝原假设 H_0，即观察频数与实际频数之间存在偏差；当 $\chi^2 < \chi^2_{\alpha,(n-1)}$，则接受原假设 H_0，即观察频数与实际频数之间不存在偏差。

表 4.3 展示了卡方检验的结果，卡方值小于 70.99 表示敏感性在不同样本大小中一致。基于系数 R^2 和卡方检验，可以确定 40 为合适的 Morris 敏感性分析样本数量，将其应用于接下来的研究中。

表 4.3　不同敏感参数情景下卡方检验结果

参数配置	对比组	Chla	DO	TN	TP
样本数量	20 和 40	21.42	22.58	19.77	15.57
	40 和 60	15.36	20.84	17.28	15.28
取值范围	20%和 30%	53.40	34.01	38.26	25.59
	30%和 50%	29.15	**81.51**	67.13	32.55
	20%和 50%	**105.15**	**116.54**	**156.74**	**86.41**

注：$\chi^2_{0.05} = 70.99$；粗体代表差异性显著

2. 因子取值范围的影响

本节验证不同的因子取值的影响范围。表 4.3 和图 4.10 表示不同因子取值范围对 Morris 分析结果的影响。假设较小差别来源于偶然因素（Ciric et al., 2012）。Chla、DO、TN 和 TP 的 20%/30%扰动范围的敏感排序的 R^2 为 0.9626、0.9287、0.9623 和 0.9799；20%/50%扰动范围的敏感排序的 R^2 依次为 0.894、0.8101、0.8588 和 0.9196。表 4.3 不同敏感参数之间卡方检验的结果表明，当取值范围从 ±20%上升到 ±30%，敏感性结果一致。然而，当取值范围过大时，如 ±50%，敏感性结果与 ±20%有显著性差异。此外，在 ±30%／±50%，除了 DO 外敏感性结果一致。通过相关系数和卡方值，可以看出 TP 的敏感性更加稳定，这可能是因为 P 在藻类生物量中所占的比例较小，因此对模型参数的取值范围不敏感。

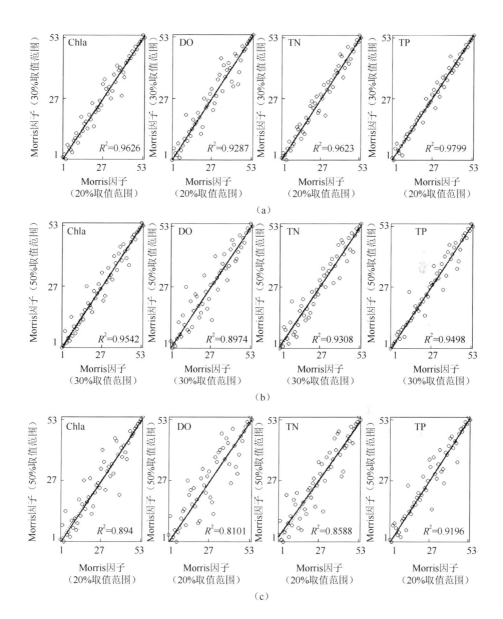

图 4.10　不同参数取值范围的敏感性结果对比图

1~54 表示最敏感~最不敏感

　　参数取值范围结果表明，敏感性分析在一个相对合理的取值范围内有效（20%~30%）。然而，随着取值范围的增大，敏感性结果开始显著不同，因此，在进行参数率定时，参数初始取值范围非常重要。图 4.10 表示在最敏感和最不敏感的因子附近较中间部分更加稳定。这与样本数量大小分析的结论一致，也表明 Morris 法在识别重要因子时有其独特的优点和稳定性，即使参数的取值范围存在不确定性也一样。此外，如前所述，风速等因子的变化并不是等比例扩大，这些因子的敏感性与等比例变化因子的敏感性有显著的差异性，这与 Wang 等（2013）的结论一致，即因子的敏感性很大程度取决于其他因子的相互作用。

4.5.2.2 不同度量方式的影响

本节选择 4 种不同的度量方式，即年平均值（表示为 AVER）、峰值（表示为 MAX）、RMSE 和 RE。表 4.4 和表 4.5 给出不同度量方式下 Morris 指数卡方检验和 Spearman 秩序的结果（具体各指标的 Morris 结果参见附录 A）。4 种水质指标卡方值和相关系数取值范围如下：Chla 为 $\chi^2 = [0, 73.65]$，$\rho = [0.923, 0.994]$；DO 为 $\chi^2 = [19.14, 220.59]$，$\rho = [0.857, 0.981]$；TN 为 $\chi^2 = [0, 23.95]$，$\rho = [0.985, 0.997]$；TP 为 $\chi^2 = [8.90, 40.18]$，$\rho = [0.950, 0.990]$。其中，$\chi^2_{0.05} = 70.99$。结果表明，对于 TN 和 TP，敏感性分布在不同输出度量中一致，一个度量方式识别出来的关键参数可以应用在其他问题上。然而，Chla 的敏感性分布不稳定，其中，RE 识别出来的敏感分布显著区别于 MAX 识别出来的分布。因此，针对不同问题对象（即不同度量），敏感性结果无法直接移植使用。DO 识别出来的敏感分布也不一样，因此，无法直接将不同度量结果移植使用。由此可见，敏感性分析需要针对不同的目标进行设计，如参数率定、不确定性分析等。

表 4.4　不同输出度量的敏感性分析卡方检验结果

度量方式	Chla				DO			
	RMSE	RE	AVER	MAX	RMSE	RE	AVER	MAX
RMSE	0	0	9.28	52.86	0	20.11	**150.60**	**126.60**
RE	0	0	11.94	66.66	19.14	0	**153.30**	**160.08**
AVER	9.23	12.59	0	58.39	**107.16**	**114.81**	0	**121.65**
MAX	70.05	**83.65**	67.61	0	**164.00**	**220.59**	**174.33**	0
度量方式	TN				TP			
	RMSE	RE	AVER	MAX	RMSE	RE	AVER	MAX
RMSE	0	0	23.95	10.58	0	8.90	13.42	18.07
RE	0	0	20.52	10.84	8.12	0	12.66	39.92
AVER	18.52	15.46	0	12.75	14.56	13.39	0	37.50
MAX	9.82	10.07	13.10	0	19.49	46.56	40.18	0

注：$\chi^2_{0.05} = 70.99$；粗体代表差异显著

表 4.5　不同度量敏感性分析结果的 Spearman 检验

Spearman 系数		RMSE				RE				AVER				MAX			
		Chla	DO	TN	TP	Chla	DO	TN	TP	Chla	DO	TN	TP	Chla	DO	TN	TP
RMSE	Chla	1.000	0.907	0.802	0.889	0.994	0.914	0.812	0.931	0.994	0.850	0.794	0.910	0.939	0.842	0.795	0.863
	DO	0.907	1.000	0.878	0.824	0.897	0.981	0.883	0.862	0.886	0.935	0.876	0.848	0.881	0.896	0.874	0.837
	TN	0.802	0.878	1.000	0.841	0.775	0.842	0.997	0.820	0.783	0.879	0.985	0.815	0.880	0.927	0.994	0.885
	TP	0.889	0.824	0.841	1.000	0.879	0.818	0.843	0.971	0.893	0.793	0.818	0.966	0.939	0.853	0.839	0.967
RE	Chla	0.994	0.897	0.775	0.879	1.000	0.907	0.787	0.927	0.992	0.830	0.771	0.904	0.923	0.823	0.770	0.843
	DO	0.914	0.981	0.842	0.818	0.907	1.000	0.851	0.862	0.893	0.929	0.839	0.849	0.872	0.857	0.840	0.816
	TN	0.812	0.883	0.997	0.843	0.787	0.851	1.000	0.826	0.794	0.878	0.989	0.819	0.885	0.918	0.993	0.884
	TP	0.931	0.862	0.820	0.971	0.927	0.862	0.826	1.000	0.933	0.808	0.809	0.990	0.935	0.840	0.822	0.950
AVER	Chla	0.994	0.886	0.783	0.893	0.992	0.893	0.794	0.933	1.000	0.830	0.777	0.912	0.935	0.833	0.777	0.860
	DO	0.850	0.935	0.879	0.793	0.830	0.929	0.878	0.808	0.830	1.000	0.864	0.800	0.845	0.888	0.879	0.821
	TN	0.794	0.876	0.985	0.818	0.771	0.839	0.989	0.809	0.777	0.864	1.000	0.804	0.857	0.899	0.988	0.856
	TP	0.910	0.848	0.815	0.966	0.904	0.849	0.819	0.990	0.912	0.800	0.804	1.000	0.922	0.841	0.814	0.952
MAX	Chla	0.939	0.881	0.880	0.939	0.923	0.872	0.885	0.935	0.935	0.845	0.857	0.922	1.000	0.918	0.881	0.954
	DO	0.842	0.896	0.927	0.853	0.823	0.857	0.918	0.840	0.833	0.888	0.899	0.841	0.918	1.000	0.918	0.893
	TN	0.795	0.874	0.994	0.839	0.770	0.840	0.993	0.822	0.777	0.879	0.988	0.814	0.881	0.918	1.000	0.886
	TP	0.863	0.837	0.885	0.967	0.843	0.816	0.884	0.950	0.860	0.821	0.856	0.952	0.954	0.893	0.886	1.000

4.5.2.3　不同水质指标的敏感性分析结果

不同水质指标之间敏感性排序显著相关（$\rho > 0.7$），同时也具有各自的特性（表 4.5）。不同水质指标显著相关可以解释为不同水质指标（藻类、DO、TN 和 TP）之间在高度富营养化湖泊中相互影响，因此，控制一种指标的参数也同时影响其他指标。此外，对某一种污染物而言，其会受到各种过程的影响，因此不同参数也可影响不同的水质指标。总之，对于滇池水质模型的敏感性研究，需要考虑多种不同指标来得到可靠的结果。图 4.11 总结了湖泊平均水质的敏感性结果，其中，横坐标是 Morris 指数，表示敏感性的大小，纵坐标是标准差，代表因子的非线性或因子间的交互性。

在每个指标最敏感的前 16 个因子中，有 8 个是相同的，包括 CPprm1、Pc、Pg、Rc、Rg、TMc1、KEc、Wser。以上因子是 EFDC 模型水质模块中的主控因子。

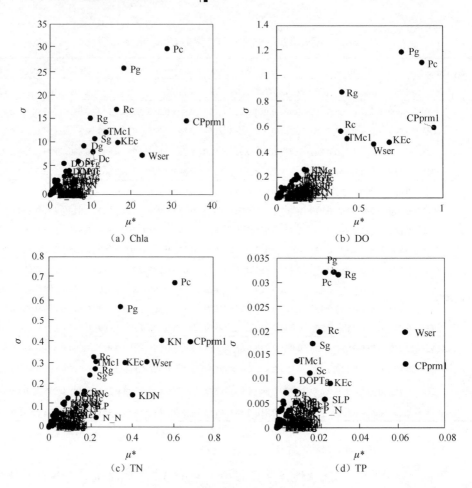

图 4.11　四个水质指标 Morris 指数

　　藻类的 CPprm1 是 4 个水质指标中最敏感的参数，这是因为滇池是磷主导湖泊。当 CPprm1 高时，藻类的生长将快速耗尽水体中的磷而引起磷限制状态。由于滇池是一个高度富营养化湖泊，藻类是水质的主要控制因素，CPprm1 影响藻类的生长过程，进而影响全湖其他水质指标。Refsgaard 等（2014）也对此进行过验证。相同地，Pc、Pg、Rc、Rg 这些藻类生长控制参数也对 4 个指标都有较强的影响，这是因为它们控制藻类活动，同时也控制营养盐的循环和 DO 的过程。KLP 也是敏感性参数，理由同 CPprm1。有机磷的水解过程为藻类生长提供生物可用的磷，从而影响其他营养盐。

　　Wser 对水体水质影响也很大。这是因为风速影响了流场和污染物迁移，同时也直接控制大气与水体的 O_2 交换。高速的风会导致较高的 DO，当 O_2 被水体中有机物或者藻类呼吸消耗时,DO 会降低,而藻类光合作用又可增加水体中的 DO。并且,高速的风会造成水体的垂直混合,这将加强水体中污染物的垂直输送。

藻类沉淀是指藻类通过沉淀从上层水体进入下层水体,这会给底部带来营养盐。同时,藻类中的营养盐会经历沉积成岩过程并产生无机营养物质进入水体。此外,藻类沉积后的碳会贡献给 SOD,所以,Sc 和 Sg 也会影响水中 DO 的浓度。

由于蓝藻和绿藻在一年中长期活跃,Chla 的浓度也与这两类藻类的相关参数相关。此外,Chla 对磷负荷最敏感,其原因是滇池是磷限制湖泊,这种现象常发生在淡水系统(Conley et al., 2009)。

对 DO 来说,有机碳负荷会直接影响水中溶解氧的浓度,因此是敏感参数。TN 的敏感性参数为 KN 和 KDN。此外,TN 对 KLP 的敏感程度高于 KLN,这很有可能源于藻类、磷以及氮在水中的相互作用(不一定是常规理解的参数敏感)。对比负荷输入的空间分布,北部氮和磷负荷的敏感程度高于南部,这是因为滇池主要污染负荷来源于北部。

从图 4.11 中可知,较高的 σ 一般对应较高的 μ^*,也就是敏感性较高的因子非线性程度和交互性程度也较高。而高度的非线性和交互性会导致严重的异参同效问题(Gamerith et al., 2013),在这种情况下,只用一组参数值进行模型计算得出的结果在决策支持上并不可靠(Zou and Lung, 2004)。由于所有敏感参数的非线性程度都很高,识别出所有的可能参数组进行决策分析是更可靠的方式(Zou et al., 2009, 2014),这将会在之后的章节中进行介绍,即构建一个基于不确定性的文件模型系统用于滇池水质管理。

4.5.3 SRRCs 法敏感性结果及对比

鉴于一种敏感性分析方法的结果可能无法令人信服,SRRCs 法作为一种省时的全局敏感性分析方法在本节用于检验 Morris 敏感性分析结果的可靠性。SRRCs 法的局限性在于它只适合趋于线性的模型($R^2>0.7$),而水质模型的非线性一般较大,因此在这里不对 SRRCs 法的结果进行深入讨论。

选择 RMSE 和 AVER 两种结果度量方式进行 SRRCs 敏感性分析。其中,RMSE 的 Chla、DO、TN 和 TP 的 R^2 分别为 0.329、0.329、0329 和 0.258,显示用此类方法模型输入-输出关系的非线性过高,远小于 0.7,因此,RMSE 的敏感性分析不被采纳。AVER 的 4 种水质指标的 R^2 分别为 0.771、0.701、0.781 和 0.808,满足 SRRCs 法的使用要求,因此,将 Morris 法和 SRRCs 法对 AVER 的敏感性参数排序进行对比。

图 4.12 展示了 SRRCs 法不同水质指标 AVER 的敏感性结果,其中,SRRCs

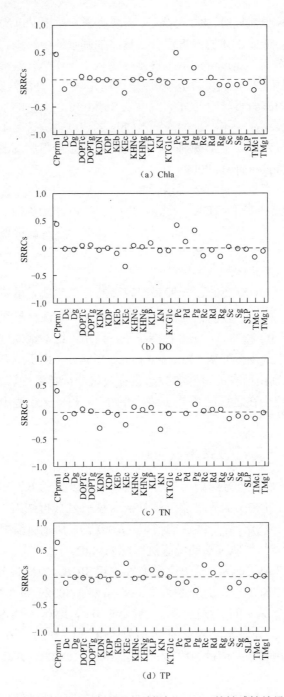

图 4.12　SRRCs 法不同水质指标 AVER 的敏感性结果

表示该参数的敏感性程度，值越偏离 0 则代表敏感性越高。可以看出，对于 Chla，敏感性从高到低的参数依次为 Pc、CPprm1、Rc、Pg、KEc 等；对于 DO，敏感性从高到低的参数依次为 CPprm1、Pc、Pg、KEc 等；对于 TN，敏感性从高到低的参数依次为 Pc、CPprm1、KN、KDN 等；对于 TP，敏感性从高到低的参数依次为 CPprm1、Pg、KEc、Rg 等。该结果与上节 Morris 分析的结果大致相同。

图 4.13 展示了两种方法对应因子的敏感性排序。从图 4.13 中可知，两种方法的敏感性排序基本相同。由于 SRRCs 法的可靠性随 R^2 的减小而降低（Gamerith et al., 2013），本节计算的 R^2 都接近 0.7 的边际线，SRRCs 法的结果可能会有一定的不确定性。一般来说，Morris 法可以评估模型因子的非线性程度，所以，当模型非线性较低时 SRRCs 法的结果需要慎重考虑。

图 4.13 显示两种方法分析的敏感性结果总体相似，少数的不同可能是源于 SRRCs 法的不确定性或者 Morris 法的偶然性。例如，对于 Chla、DO 和 TP，最敏感的参数都是 CPprm1，然而对于 TN 来说，Morris 法的最敏感参数为 CPprm1，而 SRRCs 法则为 Pc，但总体结果差异不大。综上所述，可以从方法上论证敏感性分析结果的可靠性。

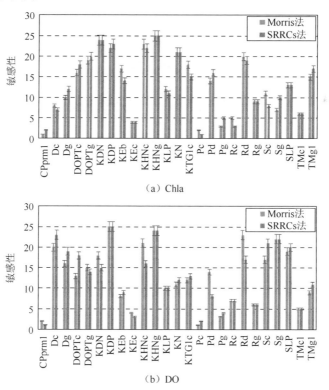

（a）Chla

（b）DO

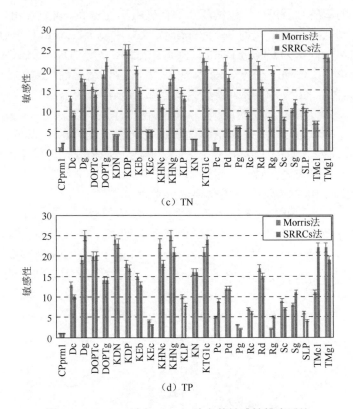

图 4.13　SRRCs 法与 Morris 法参数敏感性排序对比

4.5.4　敏感性分析的时空差异性

水质模型常常是多维模型，因此在进行敏感性分析时应该考虑时空差异性。

4.5.4.1　敏感性分析的空间差异性

选择 Morris 法获得的前 10 位敏感性参数进行敏感性分析的空间差异性分析。从水平层面上看，表 4.6～表 4.9 表示 8 个监测点的因子敏感性排序。其中，除了外部输入负荷（C_N 对 DO、N_N 对 TN 以及 P_N 对 TP），风速（Wser 对 DO），消光系数（KEc 对 DO），其他的因子在 8 个监测点中的敏感性排序相似。由于滇池主要的污染负荷来源于北部流域，北部的外界负荷对水质结果有较大影响（表 4.6 中排序靠前，即数字较小）。DO 水质敏感性产生的较大空间差异性，是因为受到污染源、营养盐、藻类、DO、底泥等多种物质交互影响。

表 4.6 敏感性结果空间分布对比一

因子	Chla								
	A1	A2	A3	A4	A5	A6	A7	A8	最大差异
CPprm1	1	1	1	1	1	1	1	1	0
Pc	2	2	2	2	2	2	2	2	0
Wser	3	3	3	3	3	3	3	3	0
Pg	5	5	4	4	4	4	4	4	1
KEc	4	4	6	6	6	6	6	5	2
Rc	6	6	5	5	5	5	5	6	1
TMc1	7	7	7	7	7	7	7	7	0
Sg	8	8	8	10	8	8	8	8	2
Dc	9	9	9	9	9	9	9	10	1
Rg	10	10	10	8	10	10	10	9	2

表 4.7 敏感性结果空间分布对比二

因子	DO								
	A1	A2	A3	A4	A5	A6	A7	A8	最大差异
CPprm1	3	1	1	4	1	1	1	1	3
Pc	1	2	2	1	2	2	2	2	1
Pg	4	4	4	2	3	4	3	3	2
KEc	2	3	5	3	5	5	4	4	3
Wser	5	5	3	8	4	3	5	5	5
TMc1	6	7	6	7	6	6	7	7	1
Rg	7	6	8	5	8	7	6	6	3
Rc	8	8	7	6	7	8	8	8	2
C_N	23	26	14	12	9	14	9	9	17
KLP	11	11	9	18	11	9	13	15	9

表 4.8 敏感性结果空间分布对比三

因子	TN								
	A1	A2	A3	A4	A5	A6	A7	A8	最大差异
CPprm1	1	1	1	1	1	1	1	1	0
Pc	2	2	2	2	2	2	2	2	0
KN	3	3	3	3	3	3	3	3	0
Wser	4	4	4	4	4	4	4	4	0
KDN	5	5	5	5	5	5	5	5	0
KEc	6	6	6	6	6	6	6	6	0
Pg	7	7	7	7	7	7	7	8	1
N_N	17	18	8	9	8	11	8	7	11
TMc1	8	8	10	8	10	9	9	9	2
Rg	9	9	9	10	9	8	10	10	2

表 4.9　敏感性结果空间分布对比四

因子	TP								
	A1	A2	A3	A4	A5	A6	A7	A8	最大差异
CPprm1	2	2	1	2	1	1	1	1	1
Wser	1	1	2	1	2	2	2	2	1
Rg	3	3	3	3	3	3	3	3	0
Pg	4	4	4	4	4	4	4	4	0
KEc	5	5	5	5	5	5	5	5	0
Pc	6	6	7	7	6	6	7	8	2
SLP	7	7	6	6	7	7	6	7	1
Rc	8	8	8	8	8	8	9	9	1
P_N	11	11	9	9	9	9	8	6	5
Sg	9	9	10	10	10	10	10	10	1

如表 4.10～表 4.13 所示，从垂向分布来看，对于 Chla，风速的影响排序从底层的不敏感（排序 17）到表层敏感（排序 3）变化剧烈（表 4.10）。风是滇池水动力的主要驱动力，会影响营养盐在水柱中的分布。不同分布的营养盐对藻类活动的影响在表层最直接，并且表层不会受到光的限制，这是上面几层水体中 Chla 对风速敏感性变化幅度不大的原因。在底层，营养盐的分布对藻类影响较小，因为光成了主要的限制因素，所以在底层 Chla 对风速的敏感性不大。

表 4.10　敏感性结果的垂向分布一

因子	Chla						
	#1	#2	#3	#4	#5	#6	最大差异
CPprm1	1	1	1	1	1	1	0
Pc	2	2	2	2	2	2	0
Wser	17	11	6	3	3	3	14
Pg	3	3	3	4	4	4	1
KEc	5	5	5	5	5	6	1
Rc	4	4	4	6	6	5	2
TMc1	7	6	7	7	7	7	1
Sg	9	8	9	8	8	8	1
Dc	8	9	10	9	9	9	2
Rg	6	7	8	10	10	10	4

注：#1～#6 代表底层～表层

表 4.11　敏感性结果的垂向分布二

因子	DO						
	#1	#2	#3	#4	#5	#6	最大差异
CPprm1	8	6	4	3	2	1	7
Pc	3	3	1	1	1	2	2
Pg	2	2	2	2	3	3	1
KEc	9	4	3	4	4	4	6
Wser	1	1	6	8	5	5	7
TMc1	6	7	8	6	6	6	2
Rg	4	5	5	5	7	7	3
Rc	5	8	7	7	8	8	3
C_N	7	9	9	9	9	9	2
KLP	29	21	16	14	12	10	19

表 4.12　敏感性结果的垂向分布三

因子	TN						
	#1	#2	#3	#4	#5	#6	最大差异
CPprm1	1	1	1	1	1	1	0
Pc	3	2	2	2	2	2	1
KN	4	3	3	3	3	3	1
Wser	2	4	4	4	4	4	2
KDN	5	5	5	5	5	5	0
KEc	6	6	6	6	6	6	0
Pg	7	7	7	7	7	7	0
N_N	8	8	8	8	8	8	0
TMc1	9	9	9	9	9	9	0
Rg	11	10	10	10	10	10	1

表 4.13　敏感性结果的垂向分布四

因子	TP						
	#1	#2	#3	#4	#5	#6	最大差异
CPprm1	2	2	2	2	1	1	1
Wser	1	1	1	1	2	2	1
Rg	3	3	3	3	3	3	0
Pg	4	4	4	4	4	4	0
KEc	5	5	5	5	5	5	0
Pc	9	7	7	6	6	6	3
SLP	6	6	6	7	7	7	1
Rc	8	8	8	8	8	8	0
P_N	7	9	9	9	9	9	2
Sg	10	10	10	10	10	10	0

DO 对风速的敏感性也存在明显的垂直差异。尽管 DO 对风速的敏感性从底层到表层都很大，但是依然是底层（排序 1）比表层（排序 6）更加敏感。DO 对风速敏感的原因是风速对再充气以及垂直混合过程的控制。当风速增大时，如果水体处于不饱和状态，则更多的氧会进入表层水体，反之水体处于饱和状态，则会释放氧气，这会影响表层水体的氧气平衡状态。此外，较大的风速会加强水体内的垂直混合，进而影响上一层进入下一层的氧气浓度。因此，DO 在底层的浓度一般低于表层，DO 质量平衡的变化在很大程度上影响底层 DO 的浓度，导致 Morris 分析中出现较大的敏感系数。在湖泊的底层水中，藻类较少，因此对 DO 的影响不大。这些因素导致 DO 在底层对风速最为敏感。

KEc 对 DO 的影响很大，除了底层外其他层的敏感性相似。KEc 的垂直差异可能是因为光进入水体会随着水深的增加而减弱，这控制了藻类在垂直分布上的活动。由于 KEc 与光的强度有关，在底部敏感性下降，因为底层的光强度较弱。此外，光的强弱分布不同也可以解释为什么 DO 在底层比表层对 KLP 更不敏感。

4.5.4.2　敏感性分析的时间差异性

除了空间差异，敏感性分析结果还存在明显的时间差异。大部分因子的 Morris 敏感系数会随着时间改变，这反映了水质的主控过程随时间的变化。为了更好地了解参数敏感性随着时间的变化，图 4.14 展示了敏感性分析的时间分布。

滇池全年温度随着季节变化会有较大的变化幅度，这可能是很多参数敏感性随季节变化的主要因素。例如，三种藻类的最佳生长温度如下：蓝藻为 22～35℃；硅藻为 7～18℃；绿藻为 17～27℃。在冬季和春季，由于水体温度较低（低于 20℃），硅藻成为湖体重要生产力，相应的与硅藻有关的参数（Pd、Rd）控制这段时间的模型行为。然而，随着时间从春季推移到夏季，温度开始上升并逐渐达到蓝藻和绿藻的最佳生长温度，此时与蓝藻和绿藻有关的参数（Pc、Pg、Rc、Rg）成为主要敏感参数，同时，与硅藻有关的参数的敏感性开始下降。

尽管 Pd 和 Rd 的敏感性在整合的模型输出结果（如 AVER）中被忽略，但是在特定阶段它们会成为主控的因子。因此，对动态模型进行敏感性分析时，需要考虑参数敏感性的时间变异特征。其他学者（Lamboni et al., 2009；Herman et al., 2013b, 2013c；Wang et al., 2013）也曾得出相似的结论，他们均强调敏感性分析输出结果的时间特征也要考虑。

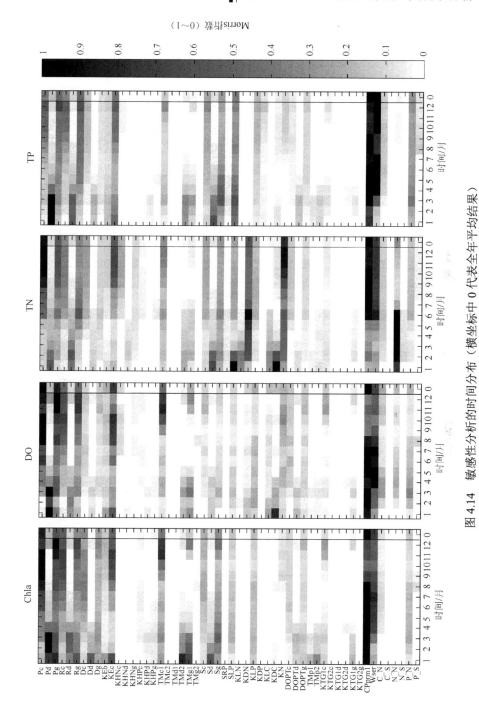

图 4.14　敏感性分析的时间分布（横坐标中 0 代表全年平均结果）

4.6 外部驱动力不确定性和敏感性分析

选择 8 个外部驱动力，即入湖负荷（C、N、P）、入湖流量、出湖流量、初始水位、温度和风速进行 LHS 抽样，抽样取值范围见表 4.14。采用 LHS 抽样方法随机生成 50、100、150、200、300、500 和 1000 组外部驱动力，用于探索样本数量的大小。将每组外部驱动力带入 EFDC 模型运行，最后得到相应的输出结果。

表 4.14　LHS 抽样模型外部驱动力取值范围

驱动力	说明	下限	上限	单位
C 负荷	在原始值上等比例变化	20	180	%
N 负荷	在原始值上等比例变化	20	180	%
P 负荷	在原始值上等比例变化	20	180	%
入湖流量	在原始值上等比例变化	70	130	%
出湖流量	在原始值上等比例变化	70	130	%
初始水位	在原始水位上增减	−1.23	0.77	m
风速	在原始值上等比例变化	50	150	%
温度	在原始值上增减	0	5	℃

对比不同样本数量对应的结果，可以得知样本数量为 200 时平均值和方差达到稳定，即已获得所有抽样情况（表 4.15，图 4.15），因此，本节后续研究设定样本个数为 200。

表 4.15　LHS 抽样样本模型输出结果平均值、方差和上下限

样本数量	平均值	方差	95%下限	95%上限
50	91.45	267.90	86.80	96.10
100	91.48	253.47	88.33	94.64
150	91.74	259.66	89.14	94.34
200	91.50	256.74	89.27	93.73
300	91.41	265.86	89.56	93.27
500	91.65	260.96	90.23	93.07
1000	91.49	265.45	90.48	92.50

利用 200 组样本定量分析 8 个外部驱动力对滇池水质浓度 Chla、DO、TN 和 TP 的影响，通过不确定性的时间变化和空间分布分析外部驱动力对整个湖泊不同研究目标的不确定性。之后，采用 SRRCs 法分析各驱动力的敏感性大小。

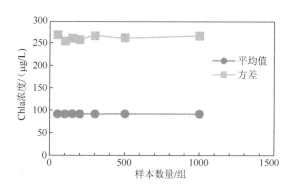

图 4.15 LHS 抽样样本模型输出结果趋势图

4.6.1 外部驱动力的不确定性分析

以湖体水质浓度平均值为例，LHS 模拟的 Chla、DO、TN 和 TP 水质指标浓度条形时间序列轨迹如图 4.16 所示。总体来看，TN 和 TP 的不确定性较大。从分布来看，TN 和 TP 的 100%范围和 90%范围的色带宽度较大，说明 TN、TP 存在较多的极值，情况较为严重。Chla 和 DO 相应的色带较窄，说明在 50%范围外的分布较为均匀。在 50%范围内，Chla 和 DO 的色带较窄，说明在此区间内不确定性较小，而 TN 和 TP 的分布较大，说明不确定性相对较大。外部驱动力的不确定性趋势与参数不确定性的趋势相反，这可能是因为 Chla 和 DO 在一天中的变化幅度较大，会受到温度、光照多方面的影响。而 TN 和 TP 的变化则相对稳定，受到外界驱动力的影响更为明显。可以看出，Chla 以及水中的 DO 较为活跃，其变化受到的影响因素很复杂，具有内在的复杂作用关系，在控制和管理上较有难度。而 TN 和 TP 受到外界影响的程度较大，因此更容易控制。

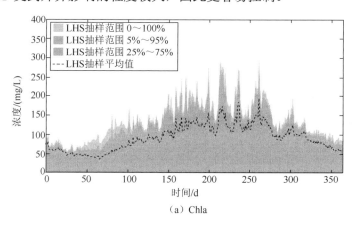

（a）Chla

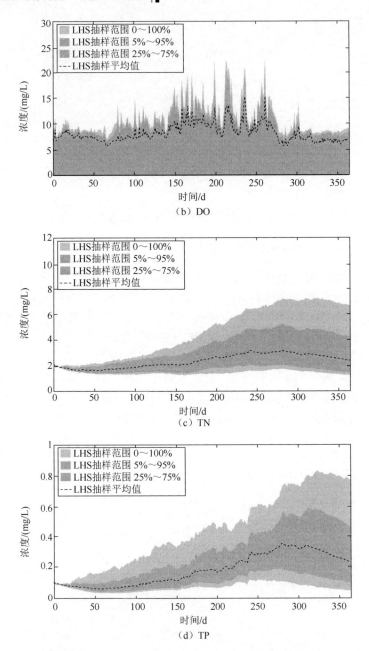

图4.16 EFDC模型外部驱动力蒙特卡罗模拟整体趋势带输出（见书后彩图）

从时间趋势上看，在 Chla 的模拟中，夏秋两季的不确定性大于冬春两季。DO 的不确定性全年较为一致。TN 的不确定性在进入夏季后开始大幅度提高，这

可能是因为模型不确定性的累积作用。TP 不确定性在秋季时最高，这也有可能是
因为不确定性出现累积情况。

　　200 组样本的年平均浓度的 5%、95%抽样结果和平均值以及标准差的空间分
布参见图 4.17～图 4.20。

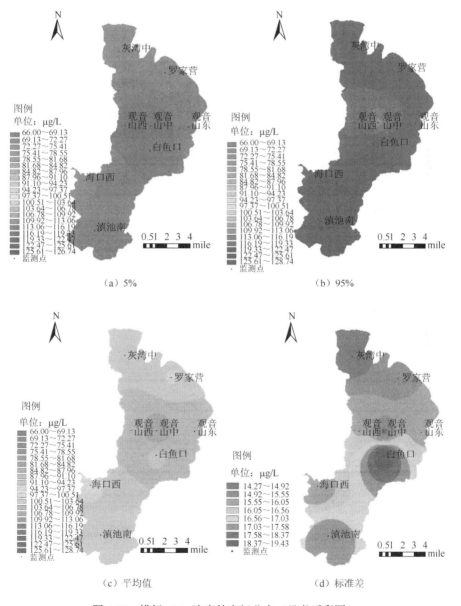

（a）5%　　　　　　　　　　　　　　（b）95%

（c）平均值　　　　　　　　　　　　（d）标准差

图 4.17　模拟 Chla 浓度的空间分布（见书后彩图）

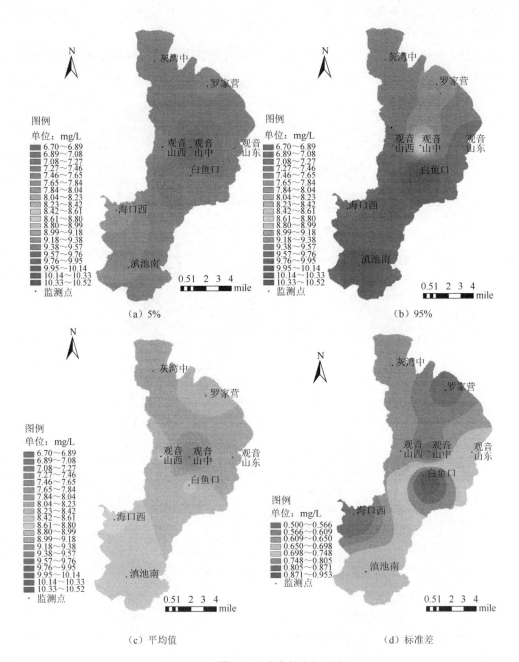

（a）5%　　　　　　　　（b）95%

（c）平均值　　　　　　　（d）标准差

图 4.18　模拟 DO 浓度的空间分布

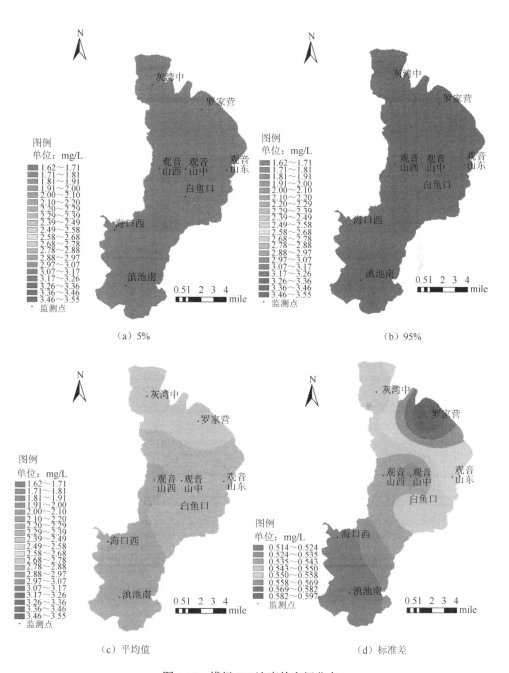

（a）5%　　　（b）95%

（c）平均值　　　（d）标准差

图 4.19　模拟 TN 浓度的空间分布

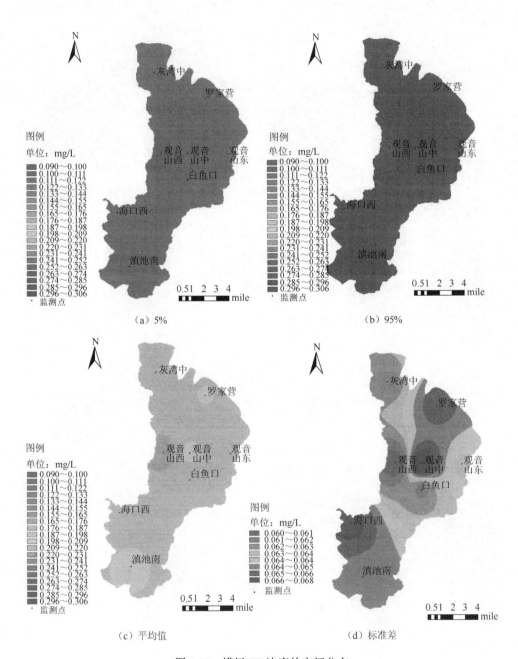

图 4.20　模拟 TP 浓度的空间分布

1. Chla 空间不确定性分析

200 组 8 个外部驱动力的 LHS 抽样组合的 Chla 浓度模拟结果如图 4.17 所示，表明外部驱动力的变化在一定范围内会造成 Chla 水质浓度的分异性，平均值、5% 和 95% 的 Chla 浓度呈现较为明显的空间分异性。其中，北部的浓度相对较高，湖体中部的浓度相对较低。标准差自南向北逐渐降低（标准差越大则驱动力对 Chla 浓度计算结果产生的不确定性越大），标准差的变化幅度为 14.27～19.43。其中，白鱼口附近的标准差最大，这可能是因为风速和地形对流场产生的影响，进而影响了该区域的不确定性。

2. DO 空间不确定性分析

200 组 LHS 抽样组合的 DO 浓度模拟结果如图 4.18 所示，表明外部驱动力的变化在一定范围内造成 DO 水质浓度的分异性，平均值、5% 和 95% 的 DO 浓度呈现较为明显的空间分异性，比 Chla 更明显。其中，南部的浓度相对较高，中部相对较低。标准差自南向北逐渐减小，变化幅度为 0.500～0.953。

3. TN 空间不确定性分析

200 组外部驱动力的 LHS 抽样组合的 TN 浓度模拟结果如图 4.19 所示，表明外部驱动力的变化在一定范围内会造成 TN 浓度的分异性。平均值、5% 和 95% 的 TN 浓度的空间分异性并不明显。这是因为 TN 受到负荷的直接影响较大，所以负荷输入的变动对全湖整体产生较大的影响。此外，北部浓度相对略高，南部相对较低。标准差为自北向南逐渐减小，变化幅度为 0.514～0.597。

4. TP 空间不确定性分析

200 组 8 个外部驱动力的 LHS 抽样组合的 TP 浓度模拟结果如图 4.20 所示，表明外部驱动力的变化在一定范围内会造成 TP 浓度的分异性。平均值、5% 和 95% 的 TP 浓度的空间分异性并不明显。此外，在空间分布上，全湖的浓度较为一致，这可能是因为湖泊为磷限制湖泊。标准差自北向南逐渐减小，变化幅度为 0.060～0.068。

4.6.2　外部驱动力的敏感性分析

对 200 组外部驱动力和输出目标值进行逐步秩序回归分析（SRRCs 法），得到 Chla、DO、TN 和 TP 的决定性系数 R^2 分别为 0.953、0.848、0.999 和 0.975，表明用该方法计算敏感性是可行的。其中，$SRRCs^2$ 越高，代表敏感性越强。从图 4.21 中可以看出，风速是对 4 种水质指标影响最大的外部输入条件。这应该是因为风速会影响水体的流场，进而影响水质指标的浓度。此外，对于 Chla，温度和 P 负荷的影响次之，这说明控制 P 的效果要优于控制 N。对于 DO，C 负荷和 N 负荷的影响次之，说明 C 和 N 的转换会消耗 DO，从而影响氧的浓度。对于 TN，N 负荷和温度的影响次之，说明控制 N 对 N 浓度削减有利。对于 TP，温度和 P 负荷的影响次之，此外入流量也对其输出结果有影响。

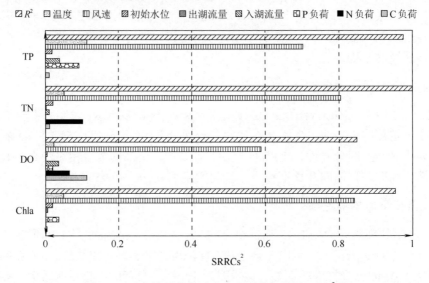

图 4.21　8 个输入条件对应各水质指标的 SRRCs^2 值

综上所述，在 8 个外部驱动力中，风速和温度对模型水质输出结果的影响力最大，对于可以调控的驱动力，控制 C 负荷、N 负荷和 P 负荷的效果要优于控制流量或者水位。

4.7　本　章　小　结

本章主要分析了 EFDC 模型水质模块的不确定性和敏感性。首先通过 LHS 抽样对参数的不确定性进行分析，进而采用 Morris 法和 SRRCs 法对 EFDC 模型 4 种水质指标 Chla、DO、TN 和 TP 的浓度对应 47 个参数的敏感性进行了分析。其中，对 Morris 法的稳定性、模型输出条件不同的度量方式、不同水质指标和敏感性的时空变异性都进行了详细的研究，并对比了不同敏感性分析方法的结果。接着，对 8 种外界驱动力对模型水质输出结果的不确定性影响和敏感性程度进行了研究。不确定性分析的方法依然采用 LHS 抽样，并在此基础上采用 SRRCs 法分析不同驱动力对水质浓度结果的影响。主要结论如下：

（1）参数和外界驱动力对模型输出目标的不确定性影响很大，且不确定性具有时空差异性。不同的水质指标，由于其内在的特征，对参数和不确定性的影响不同。对 Chla 和 DO 来说，参数的不确定性较大，而 TN 和 TP 受到的外部驱动力的影响较大。推演至水质管理上，Chla 的控制受到多种因素的影响，因此较难削减，相对来说 N、P 营养盐的管理更加容易。

（2）不同样本数量结果的稳健性表明 Morris 法适用性广，即使是很少的样本，也可以得到可靠的结果。Morris 法在识别最敏感和最不敏感参数上非常有效。敏感性分析的参数范围需要重视，Morris 法分析在不同的参数范围上也具有稳定性，但是，当参数范围取值过大时（50%），敏感性分布的结果存在显著差异。总体来看，较敏感和较不敏感的参数其敏感程度稳定性最高，不敏感参数建议在后期建模进行固定以简化模型结构。

（3）模型输出的度量方式会影响敏感性分析的结果，因此，敏感性分析需要根据不同的需求设立输出目标结果。

（4）EFDC 模型的 4 种水质指标输出的敏感性特征相关性较大，同时，敏感参数并不一定是常规情况下人们所理解的那样，如 TN 浓度对 KLP 的敏感性要高于 KLN。

（5）本章分析了参数敏感性的时空差异性，这有助于理解模型在运行过程中的主导程序变化。

（6）对于外部驱动力来说，负荷是可控输入条件中对输出结果影响最大的因子，对于滇池来说，控制污染负荷输入依然是滇池水质恢复的首要任务。

第5章　基于替代模型的多目标参数估计

参数对于模型的模拟与预测能力有很大的影响，水质模型常常存在参数维度较大且运算速度较慢的问题。如何合理估计模型参数，成为水质模型研究中的一项具有挑战性的课题。目前常见的率定方法分为手动率参方法和自动率参方法，在 EFDC 这类高度复杂的水质模型构建过程中，手动率参依然是普遍应用的方法（陈异晖，2005；Liu et al., 2008a；唐天均等，2014；张文时，2014；李一平等，2015）。然而，手动率参需要建模者对模型有较高掌握度，对于模型初学者而言难度颇高。自动率参方法常见于水文模型、地表模型以及结构较为简单的水质模型，常见的方法有 SCE-UA（Duan et al., 1994；Gong et al., 2015）、遗传算法（Wang, 1991）、MOCOM-UA（Gupta et al., 1998；Yapo et al., 1998）和 MOSCEM-UA（Keating et al., 2010）等。

与常见的地表模型对比，EFDC 水质模型具有以下特点：①参数维度大；②输出结果空间维度过高（即同时模拟 C、N、P、藻类等多种循环过程，输出多类水质模拟结果）；③计算时间长。常见的优化算法特别是多目标算法，常常需要大量的运算次数（$1 \times 10^5 \sim 1 \times 10^6$），而 EFDC 模型的单次运算时间成本过高（数十分钟至数小时）。如何提高运算效率，同时考虑水质模型的多输出响应问题，是本章要解决的主要问题。

基于替代模型的优化方法常常应用于复杂模拟模型优化问题上，本章采用常见的 BP 神经网络对 EFDC 模拟模型进行替代，然后采用多目标优化算法求解最佳的参数组合值，从而解决复杂模型参数估计的计算瓶颈问题。

5.1　基于替代模型的多目标参数估计方法

为了解决模型计算负荷问题，本节选用神经网络替代原始 EFDC 模型，并将神经网络与优化算法耦合，建立基于替代模型的参数估计框架方法。其主要步骤如下（图 5.1）。

（1）参数筛选。通过第 4 章的 Morris 敏感性分析结果进行参数筛选，其他参数固定为初始值，从而降低输入变量的维度，简化计算。

（2）训练样本生成。通过 LHS 方法抽取适量的参数组 $[x_{i,1}, x_{i,2}, \cdots, x_{i,K}], i \in [1, N]$，

K 代表研究的参数个数。将样本带入 EFDC 模型进行计算，获得各水质指标的输出结果，并根据观测值计算模拟效果系数，为了统一量纲，本节采用相对均方根误差（root mean square relative error, RRE）：

$$\mathrm{RRE} = \frac{\sqrt{\dfrac{1}{M}\sum_{m=1}^{M}(O_m - Y_m)^2}}{O_{\max} - O_{\min}} \times 100\% \qquad (5.1)$$

式中，O 为观测值；Y 为模拟值；$O_{\max}$ 和 $O_{\min}$ 分别为观测值中最大值和最小值；M 为观测值个数。

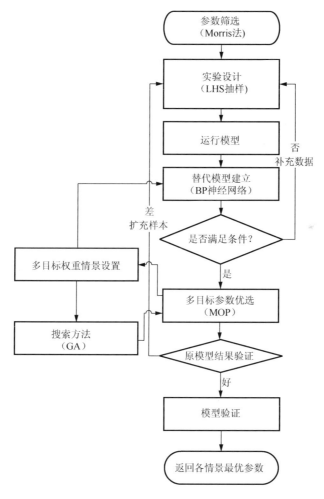

图 5.1 参数估计流程图

（3）替代模型构建。采用替代模型模仿参数变量和输出 RRE 的动态关系。其中，替代模型采用 BP 神经网络，并对神经网络的设定参数（隐藏层数和样本数量）进行对比。如果训练样本无法满足精度要求，则重新生成训练样本并重复步骤（1）～步骤（3）。

（4）构建基于 BP-ANN 的多目标参数估计模型，通过权重方法确定不同输出指标权重，从而将多目标求解问题转换为单目标求解问题。不同的权重分布代表了不同的情景，对各情景分别进行 ANN-MOP 模型计算。通过遗传算法求解具体的参数值。

（5）将各情景求解的参数值 $[x_s^1, x_s^2, \cdots, x_s^K]_s$（其中 s 代表情景数），带入 EFDC 模拟模型中运行，查看模型的真实模拟结果，对参数估计方法的结果进行验证。当结果无法满足要求时，则将计算得出的输入-输出结果作为新的样本纳入原始的样本集中，重复步骤（3）～步骤（5），直到获得满意的结果（Zou et al., 2007）。当参数取值得到满意的结果后，返回最优参数值。

（6）将所得参数值带入其他年份进行验证，检验所得参数值是否过度拟合。

5.1.1 替代模型

神经网络是一种基于人脑神经元结构原理的非线性处理方法（李娜，2013），被广泛应用于模拟"输入-输出"数据的复杂非线性关系。输入数据向量 x_i 被投影到目标函数 y_t 上，构建成 $y_t = f(x_i)$，其中，$f(x_i)$ 为神经网络方程。神经网络的主要组成结构为神经元。

图 5.2 为一个多层神经网络，一般输入层和输出层为固定层，中间包含多层隐含层，通过调整各神经元的权重来模拟系统的非线性关系（王珏和石纯一，2003）。神经网络公式如下：

$$f(x_t) = \alpha_0 + \sum_{i=1}^{P} x_{it}\alpha_i + \sum_{j}^{M} \beta_j \psi \left(\gamma_{j0} + \sum_{i=1}^{P} x_{it}\gamma_{ji} \right) \tag{5.2}$$

式中，x_t 为 t 时段的输入变量；p 为 x_t 的维度；γ 为阈值函数。

BP 网络是一种常见的误差逆向传播训练的多层前馈网络，由 Rumelhart 和 McCelland（1986）提出。BP 网络基于最速下降规律反向传递误差，不断调整各神经元的阈值，最终达到误差平方和最小。图 5.3 为第 j 个神经元结构，展现了神经网络的加权、求和、转移功能（李娜，2013）。其中，$x_1, x_2, \cdots, x_T$ 分别为神经元 $1, 2, \cdots, T$ 的输入，$W_{j,1}, W_{j,2}, \cdots, W_{j,T}$ 为神经元 $1, 2, \cdots, T$ 与第 j 个神经元的连接权重，b_j 为阈值，f 为传递函数，y_j 为第 j 个神经元的输出结果。

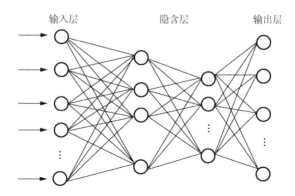

图 5.2　神经网络示意图

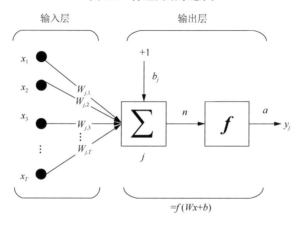

图 5.3　BP 神经元结构示意图

第 j 个神经元输入 n 为

$$n = \sum_{i=1}^{T} W_{j,i} x_i + b_j = W_j x + b_j \tag{5.3}$$

通过转移函数 f 后，第 j 个神经元输出 y_j 为

$$y_j = f(n) = F(W_j x + b_j) \tag{5.4}$$

常见的 BP 网络的传递函数包括对数函数、双曲正切函数和线性函数，如图 5.4 所示（李娜, 2013）。

对数函数的输入值可取任意值，输出值在 0 和 1 之间，其计算公式为

$$f(x) = \frac{1}{1 + e^{-x}} \tag{5.5}$$

双曲正切函数的输入值可取任意值，输出值在-1 到+1 之间，其计算公式为

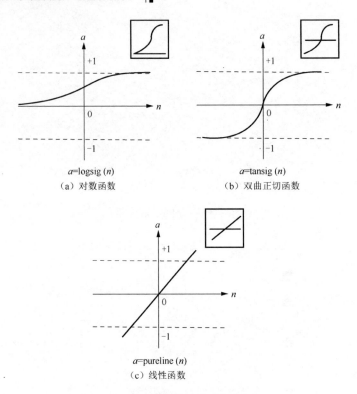

a=logsig (n)
（a）对数函数

a=tansig (n)
（b）双曲正切函数

a=pureline (n)
（c）线性函数

图 5.4 BP 网络常用传递函数

$$f(x) = \frac{\mathrm{e}^x - \mathrm{e}^{-x}}{\mathrm{e}^x + \mathrm{e}^{-x}} \qquad (5.6)$$

线性函数的输入与输出值可取任意值，其计算公式为

$$f(x) = x \qquad (5.7)$$

前向型神经网络通常包含多个 Sigmoid 型神经元组成的隐含层，以及一个线性神经元的输出层。图 5.5 展示了一个典型的 3 层神经元的 BP 神经网络，其中隐含层传递函数为双曲函数，输出层的传递函数为线性。隐含层内部神经元个数为 12。

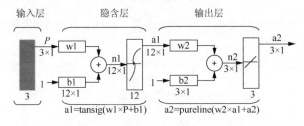

图 5.5 3 层 BP 神经网络结构示意图

P 为输入层变量；n1 为隐含层数；n2 为输出层节点

BP 神经网络是一种基于优化算法的算法,利用最小二乘法并采用梯度搜索方法,使得网络的实际输出值与期望输出值的误差均方差最小。均方误差为

$$\text{MSE} = \frac{1}{mP} \sum_{p=1}^{P} \sum_{j=1}^{m} (y_{pj} - \hat{y}_{pj})^2 \tag{5.8}$$

式中,m 为输出节点个数;P 为训练样本数目;$\hat{y}_{pj}$ 为输出期望值;y_{pj} 为输出实际值。

BP 神经网络的算法包含两部分:数据流的正向传播和误差信号的反向传播。在正向传播中,每层神经元的状态影响下一层神经元;当输出层的均方误差无法满足要求时,进行误差信号的反向传播。这两组过程交替进行,让误差函数梯度下降,使得目标函数达到最小。

1. 正向传播过程

假设有一个三层 BP 神经网络,即输入层、隐含层和输出层各一层,各层神经元个数分别为 P、S_1 和 S_2。隐含层和输出层的转移函数分别为 f_1 和 f_2,则隐含层中第 k 个神经元的输出为

$$a1_k = f_1(w1_{kj} x_j + b1_k), \quad k = 1, 2, \cdots, S_1 \tag{5.9}$$

式中,w1 为输入层与隐含层之间的权值;$b1_k$ 为第 k 个神经元的阈值。

输出层中各神经元的输出为

$$a2_i = f_2(w2_{ij} x_j + b2_i), \quad i = 1, 2, \cdots, S_2 \tag{5.10}$$

式中,w2 为隐含层与输出层之间的权值;$b2_i$ 为第 i 个神经元的阈值。

2. 反向传播过程

输入 P 个学习样本 x^P,则第 i 个样本输入网络得到输出 $a2_i$,定义误差函数:

$$E(W, B) = \frac{1}{2} \sum_{i=1}^{s2} (t_i - a2_i)^2 \tag{5.11}$$

式中,W 和 B 分别为网络的权值和阈值;t_i 为第 i 个样本的期望值。

当输出结果存在误差时,说明网络的权值不合适,需要对其进行修正,修正过程从输出层到隐含层。输出层的权值修正的原理为通过计算输出层的误差,将误差输出层的转移函数进行一阶求导,从而获得本层权值的修正量。

从第 k 个输入到第 i 个输出的权值为

$$w_{ik} \leftarrow w_{ik} + \Delta w_{ik}$$

$$\Delta w2_{ik} = \frac{\partial E}{\partial w2_{ik}} = \frac{\partial E}{\partial a2_i} \frac{\partial a2_i}{\partial w2_{ik}}$$

$$= (t_i - a2_i) \cdot f_2' \tag{5.12}$$

隐含层的权值修正利用输出层的权值修正量进行误差反向传递修正，其公式为

$$\Delta \mathrm{w1}_{ij} = -\eta \frac{\partial E}{\partial \mathrm{w1}_{ik}} = -\eta \frac{\partial E}{\partial \mathrm{a2}_k} \frac{\partial \mathrm{a2}_i}{\partial \mathrm{a1}_k} \frac{\partial \mathrm{a1}_k}{\partial \mathrm{w1}_{ij}}$$

$$= \eta \sum_{i=1}^{s2} \mathrm{w1}_{ij} \delta_i f_1' \tag{5.13}$$

式中，j 为第 j 个输入；i 为第 i 个输出；η 为学习率；E 为误差函数。

标准的 BP 神经网络算法往往存在收敛速度慢、容易陷入局部极小值等问题，对此学术界有很多改进的算法。L-M（Levenberg-Marquardt）学习法则（Moré, 1978）是一种常用的优化方法，其权值调整率为

$$\Delta w = (\boldsymbol{J}^{\mathrm{T}} \boldsymbol{J} + \mu I)^{-1} \boldsymbol{J}^{\mathrm{T}} \boldsymbol{E} \tag{5.14}$$

式中，$\boldsymbol{E}$ 为误差向量；$\boldsymbol{J}$ 为网络的误差对权值导数的雅可比矩阵；μ 为标量，当 μ 取值较大时该方法接近梯度法，反之为 Gauss-Newton 法。

5.1.2　多目标优化计算

在现实世界中，很多问题往往存在多个目标（图 5.6），需要在高维空间中解决目标的相互冲突，从而得到一组均衡解（Pareto 最优解）（崔逊学等, 2003）。对于复杂的水质模型（如 EFDC 模型），一般有多个输出指标需要同时进行率定，这不可避免地会出现不同指标之间的相互冲突，因此，在进行参数率定时，需要对各指标进行权衡。常见的多目标优化算法分为两类：一类是多目标进化算法（multi objective evolutionary algorithm，MOEA），通过计算算法求解 Pareto 最优曲面；另一类则是通过目标函数的线性聚合将多目标问题转换为单目标问题求解。多目标进化算法虽然可以尽可能地获得所有的支配解，但是往往需要 $1 \times 10^5 \sim 1 \times 10^6$ 代的计算，对于复杂的系统问题并不适用。而线性聚合虽然无法得到全部的可行解，但是计算成本相对较低，尤其是面对参数率定问题，本节更希望得到一个直观的参数值，在这种情况下，将多目标问题通过权重方法转换为单目标的方法具有很高的实际价值。

多目标 MOP 通常包含 N 个决策变量、K 个目标函数以及 M 个约束问题，其最优化方程如下：

$$\min f(X) = (f_1(X), f_2(X), \cdots, f_K(X))$$
$$\text{s.t. } E(X) = (e_1(X), e_2(X), \cdots, e_M(X)) \leqslant 0 \tag{5.15}$$

式中，$X = (x_1, x_2, \cdots, x_N)$ 为决策变量；$f(X)$ 为目标函数；$E(X)$ 为约束条件。其优化函数是将决策向量 X 映射到目标向量 Y 中，即 $F: F: \Omega \rightarrow \Lambda (*)$。

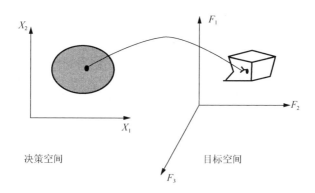

图 5.6　多目标函数映射图

传统的多目标求解方法是将各目标聚集成一个单目标函数，由决策者确定各指标的权重，或由优化方法自动调整（崔逊学等，2003）。通过设置不同的权重，多次执行优化算法，也可以获得一组逼近 Pareto 最优解的解（童晶，2009）。其中，常见的传统算法有加权法（Zadeh, 1963; Gong et al., 2015; 王好芳和董增川，2004）、约束法（Potschka et al., 2011）、多目标进化算法、目标规划法（Charnes and Cooper, 1957）和极大极小法（Roth et al., 1981）。此外，以进化算法和遗传算法为代表的方法也逐渐成为求解多目标问题的主要方法。

1. 加权法

加权法是对目标函数赋予权重从而使其转换为单目标问题的一种方法：

$$\min \ y = f(x) = w_1 f_1(x) + w_2 f_2(x) + \cdots + w_K f_K(x)$$
$$\text{s.t.} \ x \in \Omega \tag{5.16}$$

式中，Ω 为可行域；w 为不同目标的阈值且 $\sum_{k=1}^{K} w_k = 1$。该方法通过赋予不同的权重值，对单目标问题进行优化，从而得到其中的一组解。

2. 约束法

约束法是一种不局限优化 Pareto 最优前沿的方法，它把 k 个目标中的 $k-1$ 个目标转换为约束条件，将多目标问题转化为单目标优化，模型如下：

$$\min \ y = f(x) = f_M(x)$$
$$\text{s.t.} \ \ e_i(x) = f_i(x) \leqslant \varepsilon_i, \quad 1 \leqslant i \leqslant k, i \neq k$$
$$x \in \Omega \tag{5.17}$$

式中，ε_i 为上界，可以取不同值。该方法往往会缩小可行域的范围。

3. 多目标进化算法

进化算法是一种模拟自然界进化过程的随机优化方法，起源于 20 世纪 50 年代。20 世纪 80 年代，人们开始进行多目标进化算法的研究（崔逊学等，2003；伍爱华，2007）。在理论上，进化算法可以在一次仿真运行中得到一组 Pareto 最优解。进化算法中的种群方法可以寻找种群中的所有非劣解，并且同时使用小生境策略保留一组互异的非劣解。因此，利用进化算法可以在种群中发现并保持多样性较好的解。在若干代以后，进化算法可以使得种群收敛到 Pareto 最优前沿并且得到一个均匀分布（童晶，2009；童晶和赵明旺，2009）。

目前，多目标进化算法的关键算子包括以下五种。

（1）选择算子。在生物进化中，适应度高的物种有更多的机会被遗传到下一代。在进化算法中，模拟这一过程需要用选择算子来优胜劣汰。常见的方法有轮盘法、联赛法、排序比例变化法等。

（2）交叉算子。在生物进化中，两个同种群的染色体可以进行交叉重组，形成新的染色体，从而产生新的个体或物种。这是在算法过程中产生新的个体的一种方式。在交叉之前，需要对种群中的个体进行配对，通常采用随机配对方式，将种群中的 N 个个体随机配对为 $N/2$ 个个体组。

（3）变异算子。除了交叉产生新物种外，自然界中还存在用自体变异的方式产生新的染色体。在染色编码串上，表现为基因座上的某些基因与其他等位基因替换。

交叉算法决定了进化算法的全局搜索能力，而变异算法则决定了其局部搜索能力，两者相互配合可以使进化算法有更大的搜索能力（童晶，2009）。

（4）多样性。在逼近 Pareto 最优前沿的过程中，需要进化算法进行多模式的搜索。在此过程中，如何保留种群的多样性是影响计算效率的关键因素。在单个目标的进化算法中，往往会倾向收敛到一个解，从而丢失其他的可能个体。常见的解决方法为小生境技术（Reed et al., 2003；Kasprzyk et al., 2012；Reed and Kollat, 2012）。其原理是通过排除一些相似性较大的个体，集中于相似性较小的范围内，从而保护样本的多样性。常见的方法有共享函数、拥挤策略等。

（5）精英策略。精英策略是一种保护优秀个体的策略，由 De Jong（1975）提出。该策略的原理是将父代中的优秀个体直接保留到子代中，从而防止在计算中丢失优秀的个体。

21 世纪以来，随着计算机技术的提高，多目标进化算法开始进入一个新时代。目前最为常见的多目标进化算法有 NSGA2、SPEA、BORG（Hadka and Reed, 2012；

Hadka et al., 2012）等。SPEA 算法是由 Zitzler 和 Thiele（1999）提出的，通过外部种群来实现精英策略。通过将非劣个体复制到外部种群中，计算每个个体的强度，并将强度作为个体的适应度，然后采用聚类的方法删除交叉的个体，从而控制种群大小。NSGA2 算法是由 Deb（2002）提出的，是目前最为常见的多目标进化算法（负汝安等, 2010；Shaygan et al., 2014）。NSGA2 算法引入密度估计算子和拥挤估计算子，并采用卡方非劣排序等方法，降低了计算的复杂度，可以生成较好 Pareto 非劣解。

4. 遗传算法

遗传算法是模拟达尔文生物进化论的自然选择和遗传学机理的生物进化过程的计算模型，是一种通过模拟自然进化过程搜索最优解的方法。其主要计算过程参见图 5.7，基本步骤如下（Mitchell, 2003）。

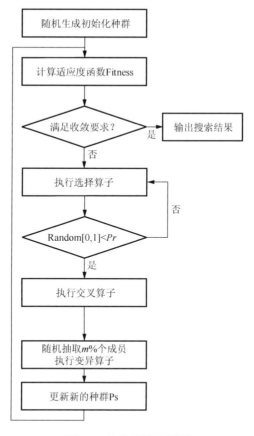

图 5.7　遗传算法流程图

（1）初始化种群，产生 p 个假设。

（2）对 P 中假设 h 计算适应度函数 Fitness(h)。

（3）当 $[MaxFitness(h)] < Fitness\_threshold$ 时，则产生新一代种群 Ps。

① 选择。用概率方法选择 P 中的 $(1-r)P$ 个成员加入 Ps：

$$Pr(h_i) = \frac{\text{Fitness}(h_i)}{\sum_{j=1}^{P} \text{Fitness}(h_j)}$$

式中，r 为每一步通过交叉取代群体成员的比例。

② 交叉。根据概率 $Pr(h_i)$，从 P 中选择 $rP/2$ 对假设进行交叉，把后代带入 Ps。

③ 变异。从 Ps 中抽取 $m\%$ 个成员，对其进行变异。

④ 将 P 更新为 Ps。

⑤ 重新评估 Fitness(h)。

（4）返回适应度最高的假设。

5.2　参数估计结果

5.2.1　参数与样本生成

为了降低抽样数目，首先基于第 4 章 Morris 敏感性分析结果选取敏感性参数。考虑模型的模拟效果的不确定性，因此，敏感性度量指标选为模型 RRE。Chla、DO、TN 和 TP 4 种水质指标（RRE）的敏感性分析结果参见图 5.8。各水质指标敏感参数的前 40% 被选择为后续计算基础，用于参数样本抽样，敏感性参数共 25 个，其他不敏感参数则保持原始估计值。

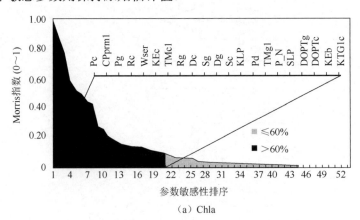

（a）Chla

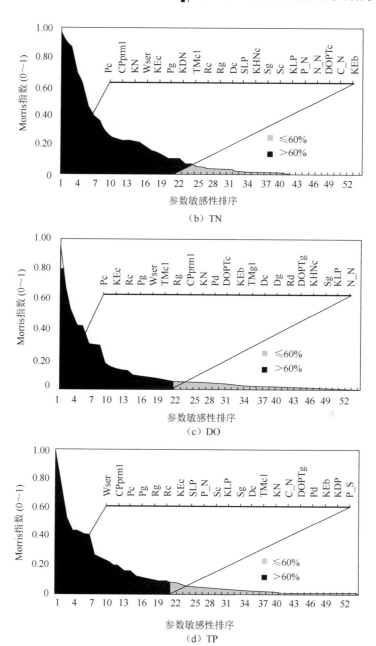

图 5.8 RRE 输出的 Morris 敏感性分析结果（*n*=54）

根据 Morris 敏感性分析结果以及参数估计研究取值范围（表 5.1），设定每个参数的取值范围。

表 5.1　参数估计研究取值范围

参数	下限	上限
CPprm1	29.4	54.6
Dc	0.028	0.052
Dg	0.028	0.052
DOPTc	0.7	1.3
DOPTg	0.7	1.3
KDN	0.035	0.065
KDP	0.035	0.065
KEb	0.21	0.39
KEc	0.0084	0.0156
KHNc	0.014	0.026
KHNg	0.014	0.026
KLP	0.028	0.052
KN	0.035	0.065
KTG1c	0.0056	0.0104
Pc	2.065	3.835
Pd	1.96	3.64
Pg	1.75	3.25
Rc	0.098	0.182
Rd	0.105	0.195
Rg	0.098	0.182
Sc	0.07	0.13
Sg	0.105	0.195
SLP	0.14	0.26
TMc1	22	28
TMg1	17	23

表 5.1 所选参数将作为参数估计的变量,同时对 Chla、DO、TN 和 TP 进行估计。通过 Python 语言进行 LHS 抽样获得 N 组抽样输出。将 N 组抽样带入 EFDC 模型进行计算,复制为 N 个新的 EFDC 模型。采用康奈尔大学提供的 The Cube 计算机进行并行计算。通过脚本将 N 组模型分到 100 个处理器核上并行计算,每一个模型模拟 1 年水动力水质过程。读取所有 WQSCQ.OUT 文件,采用 MATLAB 自带的 parpool 进行并行数据读取,最终计算不同指标的 RRE。

5.2.2　BP 神经网络训练结果

构建 BP 神经网络,并研究隐含层数和训练样本数对拟合结果造成的影响。其中,输入层有 25 个神经元,输出层为 4 种指标的加权和,隐含层神经元个数为 10,隐含层用双曲转换函数,输出层用直线型转换函数。利用 MATLAB 工具箱 nntool 中的各种函数构建 BP 神经网络,设定最大训练步数 net.trainParam.epochs = 10 000,

训练目标为 net.trainParam.goal = 0.01，初始 μ 为 net.trainParam.mu = 0.001，采用 Levenberg-Marquardt 学习算法，其他训练参数保持默认值。

除了 MSE 外，确定性系数 R^2 也可以用来评估预测值与模拟值之间的拟合程度，其计算公式为

$$R^2 = \left\{ \frac{\sum\limits_{i=1}^{N}(O_i - \bar{O})(Y_i - \bar{Y})}{\left[\sum\limits_{i=1}^{N}(O_i - \bar{O})^2\right]^{1/2}\left[\sum\limits_{i=1}^{N}(Y_i - \bar{Y})^2\right]^{1/2}} \right\}^2 \tag{5.18}$$

式中，Y 为模拟结果；O 为预期结果；$i=1,2,\cdots,N$ 为数据对数量。R^2 取值范围为 $[0,1]$，如果 R^2 趋近于 1，说明模型预测结果很好。

1. BP 神经网络层数

神经网络的层数需要建模者自行构建，一般层数越多，需要迭代的次数越多，计算时间也越长。本节选择 1 层、2 层、4 层、8 层和 12 层的隐含层分别进行测试，其中，训练样本总数为 1000 组，用于训练的样本为 600 组，用于校准的样本为 200 组，用于验证的样本有 200 组。EFDC 模型输出结果转换为各指标的 RRE，并通过加权方法将多目标问题转换为单目标问题，Chla、DO、TN 和 TP 指标权值为 0.25、0.25、0.25 和 0.25。图 5.9 展示了不同层数校准和验证的 R^2，其中，验证是为了防止 BP 神经网络出现过拟合的情况。从图 5.9 中可知，不同隐含层的结果对 BP 模型的影响规律性不强，但随着层数的升高，R^2 有一定的上升趋势。综合经验和本次计算，选择隐含层为 2 的 BP 神经网络进行后续计算。

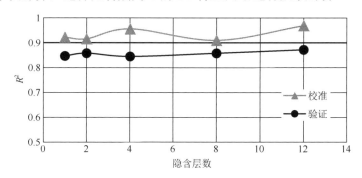

图 5.9　不同隐含层数的 BP 模型表现

2. 训练样本数量

本节探讨样本数量对 BP 神经网络的影响。一般来说，样本数量过少，无法

训练出一个满意的神经网络，模型模拟效果不佳；但样本数量过多，会导致运算成本过高。因此，需要选择一个合适的样本数量。为了对比不同的样本数量，采用 LHS 方法分别抽取 200、500、1000、1500 和 2000 组样本进行对比。其中，每组样本选择 60%进行模型训练，20%进行校准，20%进行验证。EFDC 模型输出结果转换为各指标的 RRE，并通过加权方法由多目标问题转换为单目标问题，Chla、DO、TN 和 TP 指标权值分别为 0.25、0.25、0.25 和 0.25。

图 5.10 展示了不同样本数量的校准和验证 R^2 值。其中，200、500、1000、1500 和 2000 的校准 R^2 分别为 0.742、0.913、0.916、0.918 和 0.92；验证 R^2 分别为 0.534、0.832、0.858、0.868 和 0.898。随着样本数量的增加，可以给 BP 神经网络提供更多 EFDC 模型的信息，因此，BP 神经网络的表现也在逐渐提高。对于 CPU 小时来说，200、500、1000、1500 和 2000 组样本所需运行时间分别为 40h、100h、200h、300h 和 400h，因此，当 BP 模型的表现提高时，所需的成本也大大增加。

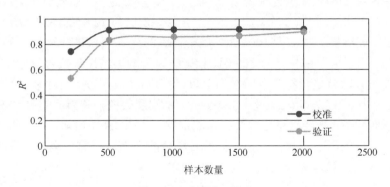

图 5.10　不同样本数量对于 BP 神经网络的影响

图 5.10 中的验证结果表示了过拟合风险。可以发现，随着样本数量的增加，替代模型的误差下降，此外，其边际效益也逐渐下降。但总体上，当样本数量超过 500 后，BP 神经网络的表现趋于稳定。综合计算成本与 BP 神经网络表现，选择 1000 个样本数量作为后续计算。

5.2.3　情景设计与 BP 神经网络构建

本节设计 9 种不同的参数率定情景，分别如下。

情景 1：各指标重要性相同。

情景 2：略倾向 Chla。

情景 3：略倾向 DO。

情景 4：略倾向 TN。

情景 5：略倾向 TP。

情景 6：完全倾向 Chla。

情景 7：完全倾向 DO。

情景 8：完全倾向 TN。

情景 9：完全倾向 TP。

具体权重值参见表 5.2。其中，情景 6～情景 9 实际上均是一个完全的单目标问题。

表 5.2　不同参数率定样本设计

情景	Chla	DO	TN	TP	说明
情景 1	0.25	0.25	0.25	0.25	各指标重要性相同
情景 2	0.4	0.2	0.2	0.2	略倾向 Chla
情景 3	0.2	0.4	0.2	0.2	略倾向 DO
情景 4	0.2	0.2	0.4	0.2	略倾向 TN
情景 5	0.2	0.2	0.2	0.4	略倾向 TP
情景 6	1	0	0	0	完全倾向 Chla
情景 7	0	1	0	0	完全倾向 DO
情景 8	0	0	1	0	完全倾向 TN
情景 9	0	0	0	1	完全倾向 TP

经过训练后的 BP 神经网络可以构建出不同情景下参数值与模型模拟效果之间的关系，其训练过程中的误差性变化见表 5.3。

表 5.3　BP 神经网络训练结果误差统计

情景	MSE	训练 R^2	验证 R^2	迭代次数
情景 1	0.000 557	0.947 1	0.902 3	42
情景 2	0.001 047	0.903 4	0.861 8	10
情景 3	0.000 821	0.945 75	0.906 72	37
情景 4	0.000 711	0.959 3	0.916 1	197
情景 5	0.000 417	0.935 9	0.828	28
情景 6	0.001 115	0.901 2	0.867	229
情景 7	0.000 558	0.950 4	0.961 9	13
情景 8	0.006 979	0.904 9	0.908 4	7
情景 9	0.000 622	0.871 4	0.785 6	15

从图 5.11 可以看出不同情景下 BP 神经网络训练效果。一般需要 7～229 次迭代后网络收敛，BP 神经网络的模拟值与实际模型输出值之间的平均误差范围为（0.000 417，0.006 979），精度达到要求。决定系数 R^2 在训练样本中的取值范围为（0.8714，0.9593），在验证样本中的取值范围为（0.7856，0.9619），由这些结果可见 BP 神经网络的拟合效果很好。对比不同情景的表现，可以看出 BP 神经网络表

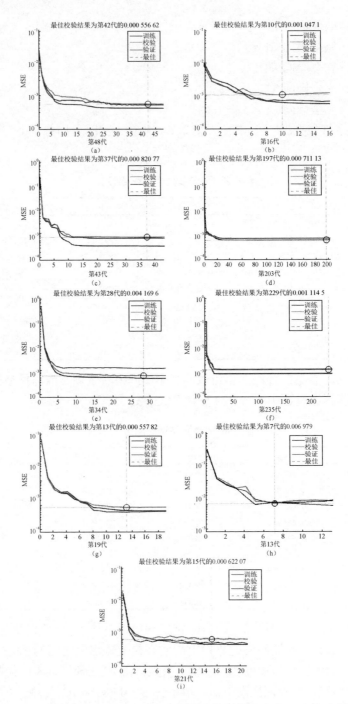

图 5.11　各种情景输入响应关系训练过程中误差性能变化（见书后彩图）

现不同,其中情景 1、情景 3 和情景 7 的拟合效果相对较好,而情景 9 的拟合效果相对较差。这说明在一个模型中,不同的指标与参数之间的非线性程度不同,所以 BP 神经网络的表现效果也产生了差异。总体上,BP 神经网络的数据拟合效果较好,经过训练和学习后,最终确定各层神经元的连接权值和各神经元的阈值合理,能够替代 EFDC 模型模拟参数与指标之间的非线性"输入-输出"响应关系。

将训练好的 BP 神经网络保存为.net 文件,用于与遗传算法耦合求解参数取值。

5.2.4　参数估计结果

将上述 9 个 BP 神经网络与 GA 算法连接,从而计算各情景下每个参数的确切值。其中,GA 算法采用 MATLAB R2014b 自带的遗传算法工具箱求解下述优化方程。

目标函数为

$$\min \quad y = \text{RRE}(x) = w_1\text{RRE}_1 + w_2\text{RRE}_2 + w_3\text{RRE}_3 + w_4\text{RRE}_4 \tag{5.19}$$

式中,1、2、3、4 分别指 Chla、DO、TN 和 TP;w 为之前设定好的权重,变量 x 个数为 25 个;x 的上下边界参见表 5.1。

将 2003 年作为参数率定年,2004 年作为结果验证年。2003 年的参数率定结果参见表 5.4。对比 BP 神经网络模拟输出(即参数效果 RRE)与 EFDC 模型实际输出表现 RRE 可知,遗传算法一般需要 199~388 代种群才能获得较优的结果。对比 BP 神经网络和 EFDC 模型的 RRE 可知,两者的差别不大,说明本节模型可以很好地捕捉到模型中的非线性关系并完成参数率定。

表 5.4　2003 年参数率定结果

情景	Chla	DO	TN	TP	RRE(替代模型)	RRE(EFDC 模拟模型)	种群代数
情景 1	0.25	0.25	0.25	0.25	0.298	0.262	287
情景 2	0.4	0.2	0.2	0.2	0.295	0.255	302
情景 3	0.2	0.4	0.2	0.2	0.284	0.263	243
情景 4	0.2	0.2	0.4	0.2	0.3127	0.265	345
情景 5	0.2	0.2	0.2	0.4	0.2905	0.292	199
情景 6	1	0	0	0	0.2243	0.195	208
情景 7	0	1	0	0	0.2303	0.254	356
情景 8	0	0	1	0	0.2883	0.249	388
情景 9	0	0	0	1	0.2619	0.261	211

不同情景代表不同指标的重视程度,表 5.5 给出了各情景下每个指标的 RRE。纵向对比可以发现,当权重倾向某一个指标时,其模拟效果有一定提升。例如,

Chla 水质输出，情景 1、情景 2 和情景 6 的权重分别为 0.25、0.4 和 1.0，其对应的 RRE 分别为 0.220、0.207 和 0.195，随着权重的增加 RRE 有一定的下降，说明 Chla 的模拟效果在逐渐提高。验证年也有相似的结果，依然考虑 Chla，其 RRE 分别为 0.209、0.202 和 0.196，随着权重的增加，Chla 的模拟效果也在逐渐的提高。这说明采用提前设定权重后训练 BP 神经网络并耦合 GA 算法的参数估计方法，可以很好地区分不同指标的重视情况，即本节方法可以有效地使用在多目标的参数率定问题上。

表 5.5　各指标的率定与验证统计量

情景	2003 年率定 RRE					2004 年验证 RRE				
	Chla	DO	TN	TP	加权和	Chla	DO	TN	TP	加权和
情景 1	0.220	0.279	0.264	0.286	0.262	0.209	0.417	0.623	0.678	0.482
情景 2	0.207	0.283	0.259	0.320	0.255	0.202	0.539	0.546	0.741	0.446
情景 3	0.232	0.254	0.250	0.327	0.263	0.238	0.397	0.511	0.752	0.459
情景 4	0.221	0.281	0.254	0.316	0.265	0.244	0.442	0.463	0.741	0.471
情景 5	0.260	0.286	0.282	0.315	0.292	0.241	0.437	0.592	0.581	0.487
情景 6	0.195	0.307	0.259	0.324	0.195	0.196	0.586	0.606	0.735	0.196
情景 7	0.242	0.254	0.260	0.313	0.254	0.256	0.506	0.409	0.725	0.506
情景 8	0.253	0.283	0.249	0.318	0.249	0.248	0.583	0.478	0.732	0.478
情景 9	0.263	0.296	0.281	0.261	0.261	0.240	0.429	0.561	0.594	0.594

不同情景下不同指标的模拟效果统计量的差异性较小。图 5.12～图 5.15 为 8 个监测点不同情景下的模拟值与观测值的对比（2003 年为率定年，2004 年为验证年），结果显示模型拟合和预测结果与实际情况吻合。虽然不同情景重视的指标不同，但在参数率定时，并不会出现偏差过大的情况，这说明 EFDC 模型的指标之间具有一定的相关性。然而，其中仍然呈现部分模拟值偏离观测值的情况，由于观测数值过少，个别观测结果的不确定性会影响模型整体模拟效果。例如 Chla，灰湾中、罗家营、白鱼口和滇池南的拟合效果较好，但白鱼口、观音山西和观音山中有一些观测值偏离。DO 的模拟效果相对较好，TN 次之，TP 的验证效果最差。模型进一步的验证需要补充更多的观测数据。

各情景下参数取值情况参见表 5.6，可以看到，不同情景下，虽然模拟效果近似，但是参数取值却相差较大。这证明了 EFDC 模型的异参同效性，即不同参数组合可能会得到相同的模型输出。在这种情况下，如果采用确定性水质模型（单一最佳参数组合）进行决策，可能会因为模型的不确定性影响后续决策应用，针对这一问题，本书将在下一章提出基于不确定性的决策达标可能性评价方法。

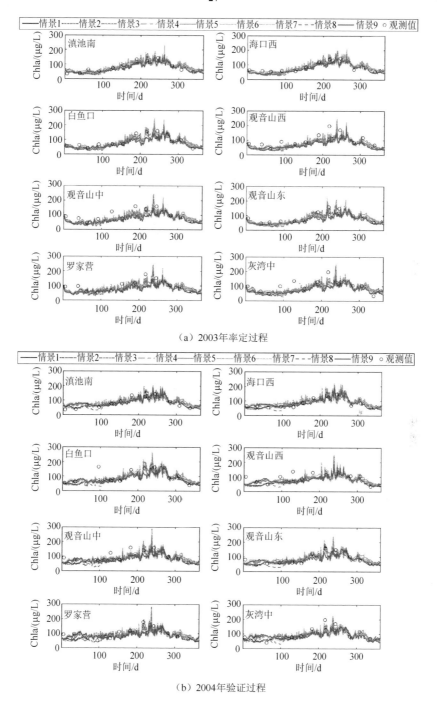

（a）2003年率定过程

（b）2004年验证过程

图 5.12 多情景下 Chla 率定与验证结果和观测值对比图

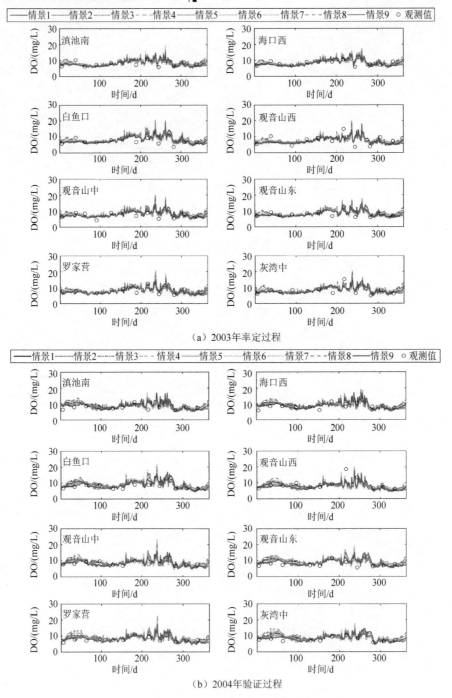

图 5.13　多情景下 DO 率定与验证结果和观测值对比图

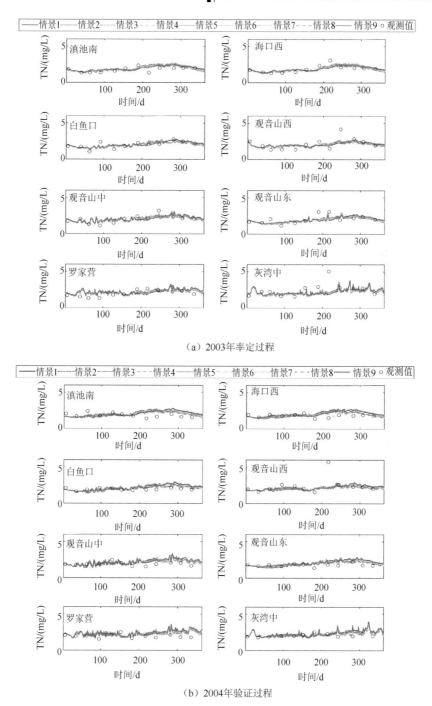

图 5.14　多情景下 TN 率定与验证结果和观测值对比图

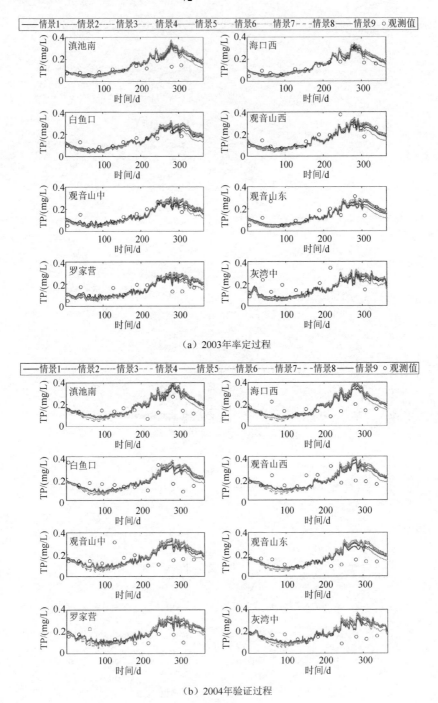

图 5.15　多情景下 TP 率定与验证结果和观测值对比图

表 5.6　各情景下参数取值结果

参数	情景 1	情景 2	情景 3	情景 4	情景 5	情景 6	情景 7	情景 8	情景 9
CPprm1	44.05	48.13	51.88	50.86	33.33	49.79	42.87	45.44	29.70
Dc	0.031	0.050	0.032	0.042	0.039	0.035	0.046	0.043	0.044
Dg	0.043	0.037	0.041	0.051	0.047	0.041	0.049	0.045	0.034
DOPTc	0.778	1.167	0.979	1.018	1.026	0.963	0.842	1.275	0.841
DOPTg	0.805	1.050	0.741	1.283	1.108	0.727	1.267	1.159	1.241
KDN	0.039	0.043	0.045	0.037	0.043	0.047	0.060	0.043	0.047
KDP	0.042	0.046	0.039	0.046	0.041	0.054	0.060	0.063	0.053
KEb	0.233	0.307	0.301	0.383	0.291	0.368	0.271	0.330	0.355
KEc	0.009	0.014	0.012	0.011	0.012	0.013	0.009	0.010	0.011
KHNc	0.018	0.016	0.014	0.019	0.018	0.017	0.024	0.016	0.018
KHNg	0.017	0.023	0.022	0.022	0.019	0.018	0.021	0.018	0.020
KLP	0.039	0.031	0.046	0.050	0.043	0.036	0.033	0.046	0.040
KN	0.061	0.041	0.063	0.056	0.060	0.063	0.060	0.049	0.059
KTG1c	0.006	0.008	0.007	0.009	0.006	0.007	0.009	0.008	0.007
Pc	3.611	3.115	2.090	3.150	2.549	2.546	2.398	3.323	3.295
Pd	2.726	2.871	2.445	2.834	3.301	2.959	2.602	2.926	2.701
Pg	2.937	2.327	2.241	3.138	3.151	3.006	2.301	2.936	3.034
Rc	0.168	0.132	0.108	0.172	0.119	0.129	0.181	0.143	0.173
Rd	0.178	0.114	0.175	0.121	0.171	0.146	0.189	0.170	0.125
Rg	0.122	0.141	0.151	0.151	0.108	0.148	0.158	0.133	0.179
Sc	0.115	0.108	0.095	0.103	0.073	0.090	0.122	0.086	0.083
Sg	0.172	0.110	0.114	0.194	0.139	0.160	0.147	0.169	0.176
SLP	0.160	0.173	0.235	0.165	0.204	0.243	0.227	0.180	0.239
TMc1	27.48	24.21	26.96	25.15	22.16	25.08	23.85	22.15	24.26
TMg1	18.68	19.30	18.19	20.47	22.74	21.59	21.10	19.47	18.61

5.3　本章小结

本章针对 EFDC 水质模型参数维度大、输出结果空间维度高以及成本过高的问题，提出了一种基于替代模型的多目标参数估计方法。采用 BP 神经网络替代 EFDC 模拟模型，并将神经网络与多目标优化算法耦合，通过设置权重情景解决输出结果多维度问题，最后采用遗传算法求解耦合模拟优化问题，从而解决复杂模型参数率定的计算瓶颈问题。

首先，本章对 BP 神经网络的建模进行了研究，对比了不同隐含层数和训练样本数对 BP 神经网络表现的影响。研究结果表明，隐含层数对 BP 神经网络的表现没有一个既定的规律，而随着训练样本的增加，BP 神经网络的模拟效果逐渐提高并趋于稳定。接着，设计 9 个不同的指标权重情景进行参数估计。对这 9 个情景的 BP 神经网络训练进行研究，各情景精度符合要求。但不同情景的拟合效果不同，说明不同的指标与参数之间的非线性程度不同，所以 BP 神经网络的表现效果也产生了差异。然后，对比不同情景的拟合效果，发现采用提前设定权重后训练 BP 神经网络并耦合 GA 算法的参数估计方法可以很好地区分不同指标的重视情况。此外，不同情景实际的拟合近似，这说明 EFDC 模型的指标之间具有一定的相关性。最后，通过对比不同情景的参数取值，发现取值情况差别较大，说明 EFDC 模型具有较强的不确定性，这指出了基于单组率定参数的确定性水质模型在决策问题上的不确定性。综上所述，基于替代模型的多目标参数估计方法可以很好地应用于 EFDC 复杂模型问题。

第6章　基于不确定性的水质响应可能性评价

富营养化是水质污染的代表性问题之一（Conley et al., 2009；Smith et al., 1999；Carpenter, 2005）。改革开放以来，中国的经济和社会高速发展，与此同时，湖泊富营养化也成了亟须解决的问题。根据 2013 年中国环境状况公报（环境保护部，2013），目前有近 27.8%的湖泊和水库面临富营养化问题。如何修复受影响水体向人们提出了技术和管理的双重挑战。20 世纪 60 年代以来，针对水体修复问题人们研究了很多管理和技术方法（Liu et al., 2014），主要包括水体外部的总量控制方法（Jeppesen et al., 2007；Xu et al., 2010）以及水体内部的修复技术（Oglesby and Edmondson, 1966；Officer et al., 1982；Hu et al., 2010；Carpenter, 2005）。总量控制是恢复水体水质的常见方法，通过提高污水处理能力来控制点源污染排放，以及通过建造湿地、科学施肥等方法约束面源污染物流入水体（Cooke et al., 2005），从而缓解水体的污染问题。资料显示，在发展中国家，约 35%的城市没有污水处理设备（Selman and Greenhalgh, 2009），此外，肥料流失情况也非常严重。因此，总量控制在处理水污染问题上依然有很大的发展空间。

为了更好地达到总量控制的目标，决策者常用水质模型来定量分析湖泊的"输入-输出"响应关系（Vieira and Lijklema, 1989；Zou et al., 2007；Liu et al., 2008b）。滇池是一个富营养化严重的湖泊，控制氮磷营养盐是滇池环境修复的关键。鉴于此，本章利用 EFDC 模型分析湖泊的"输入-输出"响应机制。

水质模型的不确定性导致传统的单一"最优"参数值并不存在，目前数据无法识别模型是否可信，因此在基于模型的决策环境中存在不确定性。本章提出概率型水质模型的思路，基于多模式水质模型参数组，进行湖泊输入负荷的总量控制研究，在过去"负荷削减-水质响应"一对一的情景下，加入水质响应可能性评价指标，从而实现考虑不确定性的模型决策。此外，本章假设模型的多模式情况反映真实湖泊的各种可能过程，并据此对滇池水质恢复的可行性进行理论探讨。

6.1　决策的不确定型模型与概率型水质模型

通常不确定性可以分为系统本身的不确定性以及数值模型的不确定性，其中，前者是指自然界的真实的不确定性，系统受到多方面的复杂因素影响，因而无法准确判断系统的进程，这种不确定性因为系统的复杂程度而难以回答真实系统的概率问题。因此，在考虑不确定性时，一般是指模型的不确定性，当把模型纳入决策中时，模型的不确定性可以表达决策环境的不确定性（图6.1）。

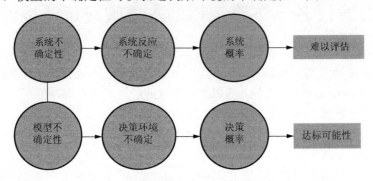

图 6.1　系统不确定性与模型不确定性区别

水质模型是真实世界中污染物传输转化的简化模拟系统。水质模型的不确定性导致模型存在严重的异参同效问题，因此，常规参数率定难以确定出一组"最优"参数组来进行决策支持。一般来说，对于模型的应用往往选取一组参数来表达系统的响应，这被称为确定型模型。不可否认，确定型模型可以在很大程度回答系统的管理问题。但是，确定型模型无法避免其他可能参数组的存在。另外，系统复杂性使得所谓的"最佳"参数组只是系统众多可能性的一种，因此，需要找到系统相应的其他可能性，并在这些可能性下分析系统对管理措施的响应。

针对这类问题，本章提出概率型水质模型的概念，其本质是寻求再现历史情况的多种可能性内部动力学机制（以参数表达）。由于无法确定哪种动力学机制是真实的或者更可能的，在研究中往往把所有可能性作为同等有效的预测集合起来评估。这本质上和"投票"制度有相似的含义，这里每个模型就是一个投票人，每个投票人对系统有自己的判断，而这些判断本身不是没有根据的，而都是以系统行为和观测值的吻合为依据的。当这些判断集合起来后，就可以提高对系统响应的判断的可靠性了（虽然不是100%都会高效）。

在水质管理方面，概率型水质模型在给定水体水质响应的同时，可以评判管理决策的风险性。在本章研究中，会以水质达标的可能性进行表示，以此解决模型应用的不确定性问题。

6.2　研究方法

模型的参数不确定性导致单一参数值可能与实际值会有偏差，在实际应用中，可以考虑基于不确定性的模型应用，本节通过削减负荷探讨达到削减目标的可能性。首先采用拉丁超立方抽样法抽取 10 000 个参数样本，代表全局可能性，然而实践证明，全局的不确定性往往与实际情况偏差太大。例如，滇池是一个污染严重的湖泊，但全局样本可能显示滇池是一个干净的湖泊。

因此，对 10 000 个参数组进行条件概率投影。由于水质模型的数值评价指标往往不是很好，在这里以 RMSE 表示模拟模型的效果指标，以 1.05 倍的初始率定的确定性滇池模型的 RMSE（Wang et al., 2014a）作为筛选标准。选择该标准的原因是初始率定的结果可以准确模拟滇池水质状况。可以同时满足 4 个水质指标（Chla、DO、TN、TP）的样本则是最后的可行样本。

接着，所有的可行样本将进行负荷削减的情景分析。这里，把这种模型称为概率型水质模型，区别于之前的确定型模型。情景设计包括 1 个基准情景和 3 个削减情景，3 个削减情景分别为削减 54%、削减 66% 和削减 80%，依次对应水质目标Ⅴ类、Ⅳ类和Ⅲ类水。

由于滇池是一个底泥高度富营养的浅水湖泊，在一个较长的时间尺度上，底泥对水体污染物的贡献量不可小觑。因此，考虑负荷削减时应该从一个较长时间尺度上进行，从而使湖泊可以达到一个较稳定的状态。本节重复运行 40 年概率型水质模型，从而进行负荷削减的风险评价（图 6.2）。

图 6.2　风险评价计算流程

6.2.1　控制目标、指标和基准年设置

近 30 年来，滇池污染防治工作使得滇池逐渐从"有机污染型"向"植物营养型"转变，控制方向已从"浊水藻型"向"清水草型"转变（郭怀成等，2013）。在兼顾 TN、TP 水质指标的同时，也需要确保藻类的水平发生显著降低（以 Chla 浓度表示），此外，DO 也是富营养化水体的重要指标，因此，在控制滇池负荷总量时湖体水质指标依然选用 Chla、DO、TN 和 TP 的年均浓度作为控制指标。

在控制目标上，根据滇池"十三五"规划目标（昆明市委, 2016），滇池外海水质稳定达到Ⅳ类水水质标准，Ⅳ类水作为污染总量控制目标之一，此外，Ⅲ类水和Ⅴ类水质标准也将作为考量。具体水质目标参见表6.1。

表 6.1　地表水水质评价标准

分类	I	II	III	IV	V
功能	主要适用于源头水和国家自然保护区	主要适用于集中式生活饮用水、地表水源地一级保护区，珍稀水生生物栖息地，鱼虾类产卵场，仔稚幼鱼的索饵场等	主要适用于集中式生活饮用水、地表水源地二级保护区，鱼虾类越冬、回游通道，水产养殖区等渔业水域及游泳区	主要适用于一般工业用水区及人体非直接接触的娱乐用水区	主要适用于农业用水区及一般景观要求水域
TP ≤	0.01	0.025	0.05	0.1	0.2
TN ≤	0.2	0.5	1	1.5	2
DO ≥	7.5	6	5	3	2

资料来源：GB3838—2002

通过滇池 EFDC 模型进行滇池负荷总量控制"输入-输出"响应系统研究，选择 2003 年作为模型校准年，2004 年作为模型验证年。对于模型的模拟效果，采用统计数值结果 RMSE 与"模拟-观测"对比图的形式判断模型效果。

RMSE 是一种常见的评价模拟模型模拟值和观测值相似性的方法（Singh et al., 2009；Ji, 2012）。对比纳什效率系数（Nash-Sutcliffe efficiency index, NSE）、决定性系数和均方根误差在滇池水质模拟问题上的适用性，本节最终确定采用均方根误差进行评价。其计算公式为

$$\text{RMSE} = \sqrt{\frac{1}{n}\sum_{i=1}^{n}(C_{s,i} - C_{o,i})^2} \tag{6.1}$$

式中，C_s 和 C_o 分别是水质的模拟值和观测值；n 代表观测的次数。

6.2.2　条件概率预测

本节考虑模型决策环境的不确定性，其中不确定性来源为模拟模型参数的不确定性。本章假设不同参数值的组合可以代表湖泊不同的水质动态过程，一般需要通过观测值确定适合的参数组合。然而，一方面很多参数组合过于偏离模拟结果，这些参数组合不适合纳入不确定性评估中，需要采取措施去除这些参数组；另一方面，由于滇池水质的观测数据匮乏且观测的不确定性很大，在计算模型模拟效果时，常见的数量计算方法（如纳什效率系数等）可能由于观测值的不确定性而丧失原本的价值。此外，一般水质模拟的数值评价结果往往并不令人满意，因此，需要找到一种折中的方法，在综合考虑观测值不确定性以及模型的不确定

性的情况下，尽可能筛选出模型可能的参数组合。

在筛选方法上，需要回答两个问题：①如何筛选每一个指标对应的可行样本；②多指标如何共同筛选样本。其中，由于水质模型的非线性和非凸性特征，在真正的率定过程中，多个指标的最优参数值可能存在冲突和无法比较的情况，那些对其中一个指标表现很好的参数值可能无法用于其他指标，需要综合考虑多个指标在参数率定上的协同作用。本章尝试基于 GLUE 和 Pareto 的思想设计两种不同的方法。其中，前者是一种基于阈值的方法，后者是基于非劣解的方法。

6.2.2.1　基于 Pareto 占优的条件概率预测方法

对于模型可行样本筛选问题，首先可以假设所有样本为输入变量，构成可行空间，其对应的输出目标（这里 Chla、DO、TN、TP 4 个指标的 RMSE 作为输出目标）组成所有指标的解空间。采用 Pareto 最优前沿的方法寻找多指标中所有非劣解，这种方法适用于多目标问题，其优势在于可以找到所有的至少某一指标优于其他指标的解。

多个指标目标问题即多目标的问题，其常见求解过程为 Pareto 求解。Pareto 占优或 Pareto 支配的定义是指向量 $u, v \in \Lambda$, $u = \{u_1, u_2, \cdots, u_k\}$, $v = \{v_1, v_2, \cdots, v_k\}$，对于 $\forall i \in \{1, 2, \cdots, k\}$ 满足 $u_i \leqslant v_i$ 并且 $\exists j \in \{1, 2, \cdots, k\}$ 使得 $u_j < v_j$，则称向量 u 优于（支配）向量 v，记作 $u \prec v$。

图 6.3 展现了 Pareto 支配的思想：点 E 的两个性能指标都优于点 C 和点 D，也就是点 E 占优于点 C 和点 D。但对比点 B 和点 E 时可以发现，点 E 在指标 1 上优于点 B，但是在指标 2 上劣于点 E，所以点 B 和点 E 没有差别。

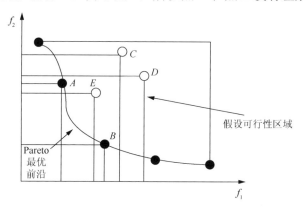

图 6.3　Pareto 占优图示

f_1 和 f_2 表示两个向量的解，解越小则说明越占优（童晶，2009）

对于多目标问题，Pareto 的思想是找到所有的最优解。Pareto 最优解的定义为在可行区域 X 中，对于任意 x，存在 $x' \in X$，使得目标函数 $F(x') = (f_1(x'), f_2(x'), \cdots, f_i(x'))$ 占优于（或支配）$F(x) = (f_1(x), f_2(x), \cdots, f_i(x))$，则 x 为 X 上的 Pareto 最优解（或非劣解）。例如，在图 6.3 中，不存在任何一个空心点占优于实心点，而实心点围成的线相互间都是无法相互支配的，所以实心点代表的解即为 Pareto 最优解，而其围成的曲线，即为 Pareto 最优前沿。

对于可行样本筛选问题，本节借鉴 Pareto 最优解的思路设计了如下方案。其中，由于 EFDC 模型的计算成本较高，无法直接采用多目标优化等方法求解最优参数值。因此，本次直接抽取足够的样本，作为 Pareto 求解的备选解样本库。

（1）备选解样本库准备。基于 LHS 抽样设计，对 K 个参数进行抽样，作为 Pareto 求解的备选解样本库：

$$X = \left\{ \begin{array}{l} x_{1,1}, x_{1,2}, \cdots, x_{1,k}, \cdots, x_{1,K} \\ x_{2,1}, x_{2,2}, \cdots, x_{2,k}, \cdots, x_{2,K} \\ \vdots \\ x_{M,1}, x_{M,2}, \cdots, x_{M,k}, \cdots, x_{M,K} \end{array} \right\}$$

抽样次数为 M。

（2）模型运算及目标结果计算。将 M 组输入样本带入 EFDC 模型运算，并计算 Chla、DO、TN 和 TP 等水质指标各组解 m 的目标值 RMSE_m^i，i 代表第 i 个指标，$i \leqslant 4$。

（3）根据 Pareto 最优前沿的定义，从样本库中筛选出所有的非劣解，组成可行解集 $\tilde{X}^{\text{Pareto}}$。主要计算程序提取 MOEA Framework version 2.1 的 Pareto 求解指令（Hadka, 2011；Hadka et al., 2012）。

6.2.2.2　Pareto 占优的条件概率预测方法测试

在计算之前，本章对 Pareto 占优条件概率方法进行了测试。设定 1000 个样本集库，以 Chla、DO、TN 和 TP 的模拟 RMSE 作为 4 个水质目标结果，筛选出所有的 Pareto 最优解。

图 6.4 为 Pareto 最优前沿的四维可视化图，其中，Chla、DO、TN 的 RMSE 值通过坐标轴表现，TP 的 RMSE 通过颜色带表现，RMSE 越小说明结果越好。共筛选出 71 个非劣解，可以看出，Pareto 最前沿可以筛选出样本库中所有的非劣解，但有些解对于个别指标的效果非常好，但对其他指标的模拟效果略差。

将所获得的 71 组参数值的 EFDC 模拟结果与观测值进行对比（图 6.5），可以发现 Pareto 方法所筛选的最优解可以获得单个样本的最优参数解，但同时该方法也纳入了部分对特定指标模拟效果较差的参数组合。例如 Chla，在模拟结果中，红色部分的模拟分布在较低的浓度范围中，这类情况在现实滇池水质状况中并不存在。对于 TN，有部分模拟值相对于观测值过低。这说明 Pareto 方法的一个局限性，即只能筛选出最优情况，而现实中可能需要非最优解来平衡各指标的效果。

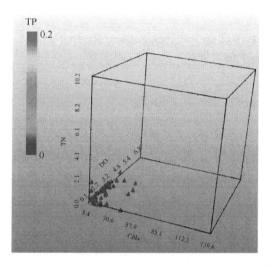

图 6.4　各种指标 RMSE 的 Pareto 最优前沿（见书后彩图）

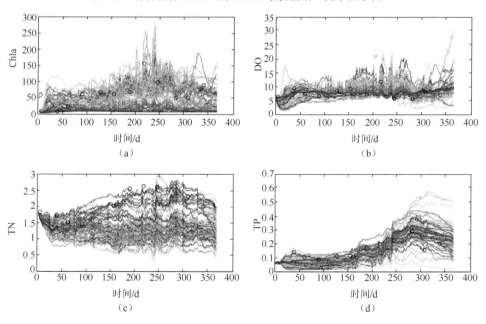

图 6.5　Pareto 最优解模拟效果图

圆圈为观测值，实线代表模拟值

6.2.2.3 基于似然度的条件概率预测方法

GLUE 法（Beven, 2001a；张利茹等, 2010）是一种结合抽样和区域敏感性分析的常见不确定性分析方法（Hornberger and Spear, 1983），可以考虑各类不确定性来源，即输入条件不确定性、参数不确定性、结构不确定性和输出不确定性（Shen et al., 2012）。其计算步骤如下（Yadav et al., 2007；Freni et al., 2008）。

（1）定义参数的先验分布和取值范围。

（2）对参数进行蒙特卡罗抽样。

（3）将每一个输入样本 x_i 带入模型计算输出结果 y_i，并计算每一个输出的可能性，也就是模型模拟效果，常见的方法有纳什效率系数、决定性系数 R^2、RMSE 等。

（4）设定模拟效果的可接受阈值（Tr）。当通过阈值时，该次模拟为可行模拟，并用于之后分析过程；否则为不可行模拟。重复该过程直到产生足够的可行模拟或达到设定运算次数。

（5）可能性指数与参数值可以用于模糊分析，反映模型的置信水平。可能性值的累积分布可以反映模型的不确定性分布，常用 5% 和 95% 表示不确定性宽度（对应置信水平为 0.1）。

本章借鉴 GLUE 法似然度的概念，提出一套新的可行样本筛选方案。GLUE 法目前常用在单个指标的不确定性分析上，可以考虑单个指标逐一分析，应用在 EFDC 水质模型时，需要同时考虑多个指标的因素筛选可行样本。因此，在实际应用时，需要对其进行改良。具体研究步骤如下（图 6.6）。

（1）全局样本抽样设计。基于 LHS 抽样设计，对 K 个参数进行全局样本抽样：

$$X = \begin{cases} x_{1,1}, x_{1,2}, \cdots, x_{1,k}, \cdots, x_{1,K} \\ x_{2,1}, x_{2,2}, \cdots, x_{2,k}, \cdots, x_{2,K} \\ \vdots \\ x_{M,1}, x_{M,2}, \cdots, x_{M,k}, \cdots, x_{M,K} \end{cases}$$

抽样个数为 M。

（2）模型运算及目标结果计算。将 M 组输入样本带入 EFDC 模型，计算水质模拟结果后，结合观测值分别计算 Chla、DO、TN 和 TP 指标的模型模拟效率（RMSE），得到 $4 \times M$ 的 RMSE^i 矩阵，i 代表第 i 个指标，$i \leqslant 4$。

$$\begin{cases} \text{RMSE}_1^1 & \text{RMSE}_2^1 & \cdots & \text{RMSE}_M^1 \\ \text{RMSE}_1^2 & \text{RMSE}_2^2 & \cdots & \text{RMSE}_M^2 \\ \text{RMSE}_1^3 & \text{RMSE}_2^3 & \cdots & \text{RMSE}_M^3 \\ \text{RMSE}_1^4 & \text{RMSE}_2^4 & \cdots & \text{RMSE}_M^4 \end{cases}$$

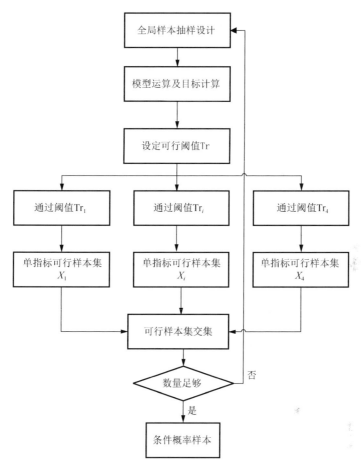

图 6.6　基于似然性的条件概率样本筛选流程图

（3）可行阈值设定。设定各指标的可行样本筛选阈值 Tr_i，例如纳什效率系数可以设置 $Tr_i=0.5$，则大于 0.5 的即为可行样本。由于滇池水质监测数据的不确定性过大，在实践中发现纳什效率系数的结果非常不理想，本节设定一个较为宽泛的阈值范围，选用初始模型接受的模拟结果的 RMSE 作为阈值参考。

（4）单指标可行样本筛选。基于可行阈值 $RMSE_m^i \leqslant Tr_i$，$m \in M$，$i \leqslant 4$，筛选出各个指标 i 的可行的样本组 $\{X_1, X_2, X_3, X_4\} \in X$。其中，各指标筛选的样本组的大小和样本不同。

（5）将 4 个指标分别筛选的可行样本取交集，即为最终的条件概率样本 $\tilde{X} = X_1 \bigcap X_2 \bigcap X_3 \bigcap X_4$。当最终可行样本达到要求后则停止计算，未达到要求则重复步骤（1）～步骤（5），直到样本数量足够。

6.2.2.4　全局样本抽样设计

为了降低抽样数目,首先基于第 4 章 Morris 敏感性分析结果选取敏感性参数。由于本章考虑模型的模拟效果的不确定性,敏感性度量指标为 RMSE。Chla、DO、TN 和 TP 4 种水质指标 RMSE 的参数敏感性分析结果参见图 6.7,各水质指标敏感参数的前 40%被选择为后续计算基础用于参数样本抽样,敏感性参数共 25 个,其他不敏感参数则保持初始值。

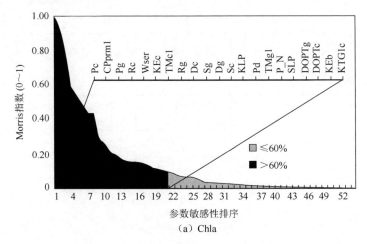

（a）Chla

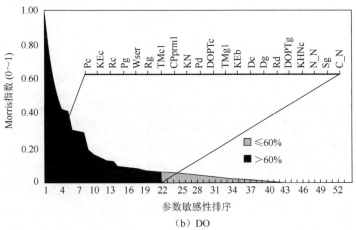

（b）DO

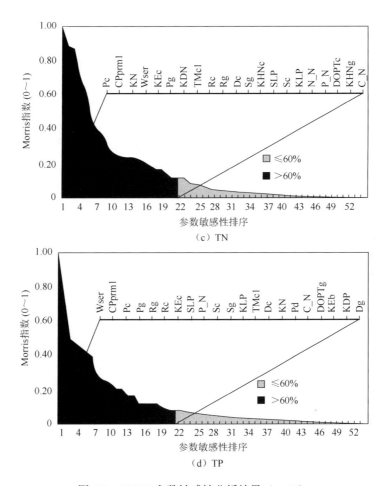

图 6.7　RMSE 参数敏感性分析结果（*n*=54）

　　参数抽样的取值范围同表 5.1，LHS 抽样方法用于生成全局样本，这些样本被当成潜在的可能参数，但并不是所有样本都可以达到满意的模型模拟效果。4000个和 10 000 个样本被用于后续计算，其中，4000 个为初期测试，10 000 个为最终计算结果。两组参数集合被代入滇池 EFDC 模型中运算，其中边界条件为 2003年数据，水动力和底泥模块的参数在此不被考虑。

　　全样本计算完成后，得到 10 000 组 EFDC 模型模拟水质时间序列。接着，Chla、DO、TN 和 TP 的 RMSE（Singh et al., 2009；Ji, 2012）被计算出来，观测值为 2003年水质监测结果，8 个监测点的 RMSE 分别计算后进行平均，最终平均值代表各指标 RMSE。

6.2.2.5 阈值设定与可行样本筛选

本节设置的各指标阈值基于 Wang 等（2014a）设定的初始模型模拟值 $RMSE_0$（表 6.2），选择该阈值的原因是该模型的模拟效果已发表。本节运算初始率定的模型，计算各指标在 8 个监测点的 RMSE 并进行平均，从而得到 $RMSE_0$，各指标 $RMSE \leqslant 1.05 RMSE_0$ 则表示通过阈值筛选。

表 6.2 筛选阈值设定

监测点基准	Chla	DO	TN	TP
滇池南	23.39	1.79	0.42	0.083
海口西	22.88	1.57	0.36	0.052
白鱼口	29.41	2.08	0.35	0.053
观音西	43.60	2.64	0.62	0.066
观音中	41.10	1.95	0.33	0.051
观音东	28.42	1.56	0.56	0.091
罗家营	36.69	1.71	0.53	0.074
灰湾中	41.99	1.92	0.98	0.157
平均值	33.44	1.90	0.52	0.078
设定阈值	35.11	2.00	0.54	0.082
通过数目	2320	2994	1497	6998

四组单指标可行样本取交集后获得条件概率样本。从 4000 个样本中只获得 82 个最终样本集（2.05%），10 000 个样本则只筛选出 175 个样本（1.75%）。这体现了复杂模型调参的困难性。

筛选的可行样本组成了条件概率预测模型，选择 2004 年作为模型的验证年，用于检验可行参数集是否可以预测其他年份。

6.2.3 负荷削减情景设计

尽管很多富营养化控制措施（生物或非生物的）都已应用于滇池的水质恢复，但营养盐负荷依然是水质状况的主要影响因素（Liu et al., 2014）。此外，第 4 章外部驱动力对水质模拟影响的结果也表明，在可控的因子中，输入负荷是对水质浓度影响最大的因素。

本章设定 4 个离散的负荷削减情景，用于评估概率型水质模型的结果，其中包括：

（1）无负荷削减基准；

（2）54%负荷削减；

（3）66%负荷削减；

（4）80%负荷削减。

其中，负荷削减是指全部入湖河流碳负荷、氮负荷和磷负荷都进行等比例削减。根据 Wang 等（2014a）滇池污染模拟研究表明，54%负荷削减可实现Ⅴ类水质水平，66%负荷削减可实现Ⅳ类水质水平，80%负荷削减可实现Ⅲ类水质水平。具体管理目标解释参见表 6.1。

鉴于滇池属于富营养化浅水湖泊（郭怀成等，2013；王心宇等，2014），从长期来看，底泥也是滇池水质营养盐的主要供应者。因此，需要对 EFDC 模型进行长时间序列运算，以激活底泥的活动。在长期模型运行中，达到外部负荷通量与内部底泥通量的水质平衡状态，在模型上表现为后期模拟水质浓度趋于稳定（Zou et al.，2006，2010，2014；Zhao et al.，2013；Wang et al.，2014a）。通常，为了实现稳态，一般需要数十年的时间（Jeppesen et al.，2007），通过前期模型实验，本章设定 40 年循环运算已达到基本稳定状态。

6.3 结果与讨论

6.3.1 可行样本筛选

对 10 000 个全局样本进行可行性筛选，其中只有同时满足 4 个指标的阈值要求的样本被认为是可行样本。对于每一个指标，各自阈值可以筛选出 Chla 指标 2320 个、DO 指标 2994 个、TN 指标 1497 个、TP 指标 6098 个。然而，各指标的模型模拟优劣程度排序差异很大。值得理解的是这类方法会受到阈值选择的影响，作者也以最小 RMSE 为阈值标准进行了测试，但对 EFDC 这类复杂模型，可能会出现较为极端的模型模拟状态，也就是对于某一单独指标可能会获得"过于完美"的模拟结果，这类值往往距离其他正常水平的模拟表现差别甚远。在综合计算负荷和模型效果的前提下，本节选用初始模型效果作为阈值。

将四组独立可行样本进行交集运算，共得到 175 个最终结果。这标志着复杂模型参数率定是一个十分费时的工作，需要采取折中的率参准则。最终条件概率样本分布与全局样本分布统计分析结果见表 6.3，可以看出条件概率样本的分布大大缩小。

表 6.3　LHS 抽样及可行性样本 RMSE 统计结果

项　目		Chla	DO	TN	TP
平均值	全局样本	40.56	2.29	0.761	0.075
	可行样本	31.48	1.9	0.527	0.074
变异系数	全局样本	0.25	0.231	0.602	0.098
	可行样本	0.08	0.043	0.041	0.042

续表

项	目	Chla	DO	TN	TP
最小值	全局样本	22.28	1.49	0.47	0.062
	可行样本	24.13	1.69	0.48	0.065
最大值	全局样本	58.99	3.34	1.76	0.094
	可行样本	34.92	1.99	0.54	0.079

　　鉴于水质观测数据的缺失状况，误差统计结果可能会有误导性或者不具有太大的意义（Zou and Lung, 2004）。将多模式模型的模拟与实测结果进行对比，从图 6.8 中可以发现，随着样本筛选要求的提高（从单指标到多指标），模型的不确定性大幅度下降，多指标筛选的模型结果甚至略优于单指标筛选。这说明不同指标在模型模拟效果上具有协同性和制约性，所以在参数率定时，需要考虑多指标情况。

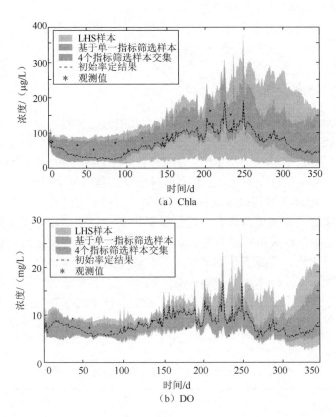

（a）Chla

（b）DO

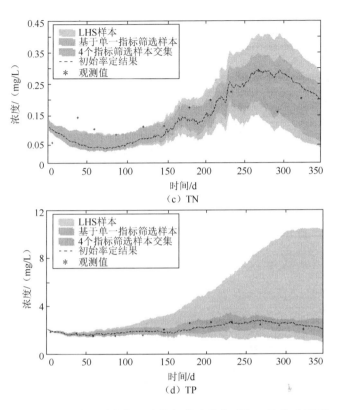

（c）TN

（d）TP

图 6.8　全局样本、单指标和多指标筛选分布对比（见书后彩图）

图 6.9 为条件概率预测率定（2003 年）和验证（2004 年）结果。其中，蓝色带代表湖体概率型水质模型模拟水质范围，红色带代表湖体确定型水质模型模拟水质范围。对比观测值可知，所有的可行参数都可以捕捉到观测值的时空趋势。此外，由 2004 年验证可知各模式都有可靠的预测效果。各点模拟效果可参见附录 B。

从图 6.9 可以看出，有部分观测值并没有在模拟区域内。这可能是因为观测值本身的稀疏性，使得观测值的准确性较低而不确定性非常高，另外，边界条件的不确定性（本次研究未考虑），也会导致一定的模拟误差。但是总体来看，尽管在某些监测点和时间上存在一定误差，但滇池 EFDC 概率型水质模型很好地刻画了滇池水质的时空分布。

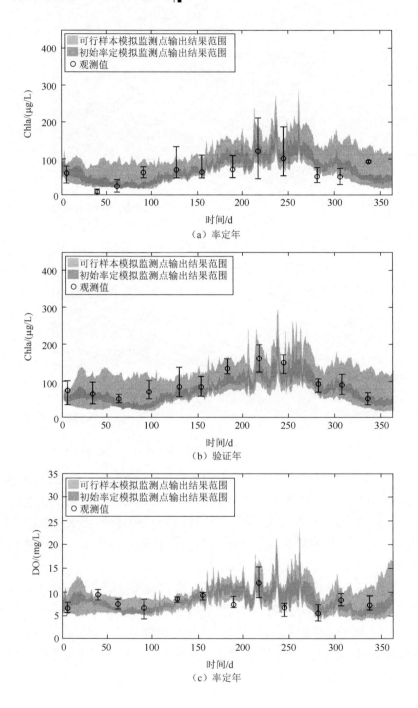

（a）率定年

（b）验证年

（c）率定年

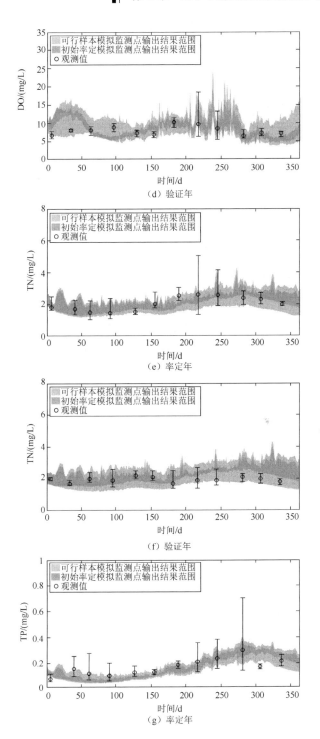

（d）验证年

（e）率定年

（f）验证年

（g）率定年

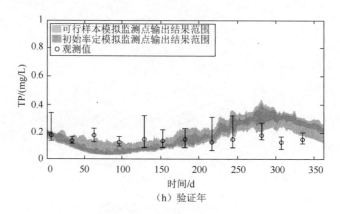

图 6.9 条件概率预测率定与验证结果（见书后彩图）

取值上、下界代表 8 个监测点的最大值和最小值

6.3.2 负荷削减情景统计分析

图 6.10 表示各情景模型随时间收敛情况，展示模拟第 1 年、第 10 年、第 20 年、第 30 年和第 40 年的 Chla、TN 和 TP 浓度平均值和 Chla 峰值。可以看出，对比基准负荷情景，其他 3 种负荷削减情景的 Chla、TN 和 TP 的浓度在第 1 年都有一定的下降，在之后的 10 年中，水质浓度变化较快。10 年后，水质浓度变化开始变缓并趋向稳定。这说明初期水体中的反应过程占主导，之后底泥的活动开始活跃。此外，不同污染负荷强度会影响收敛速度。66%削减负荷情景的收敛速度最快（10 年），而其他情景需要 20～30 年时间，80%负荷削减情景在 30～40 年仍然会发生变化。

水质响应有明显的年际变化。对比 4 种情景的时间趋势（图 6.10），可以发现基准年、54%负荷削减情景和 66%负荷削减情景与 80%负荷削减情景存在相反的趋势。前两者存在浓度上升的情况，说明在改变负荷水平情况下湖体中的污染物仍然处于累积状态；相反，后两者的水质浓度处于总体下降趋势，说明在该负荷削减水平下才实现水质的改善。在 54%负荷削减水平下，开始时突然下降后，污染物仍存在一个累积情况。此外，第 40 年的水质浓度接近第 1 年。这说明即使要维持目前的水质浓度水平，也需要在当前的负荷水平上削减将近一半的负荷。然而，当进一步削减约 10%的负荷后，情况发生变化：水质浓度开始降低并维持在一个水环境恢复的水平。在真实环境管理问题中，边界条件会随着时间的变化而变化，但模型的时间趋势依然可以解释为什么在近 10 年的水环境修复努力中，水质水平并没有发生明显的改善。

对于空间分布，目前的状况是北部污染较南部严重，这是因为北部进入的营养负荷较多。但是在长期的模拟结果中可以发现，空间分布有一定的变化。图 6.11

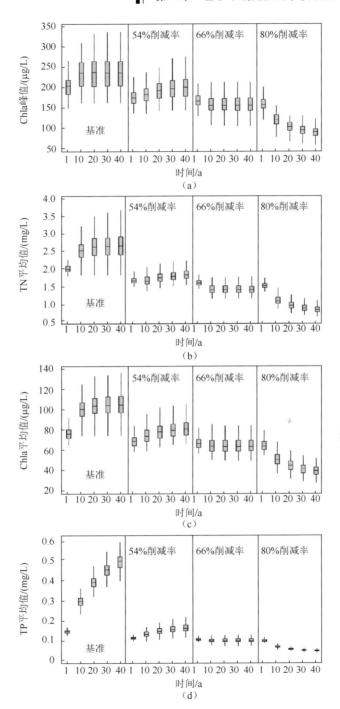

图 6.10　各情景模型随时间收敛情况

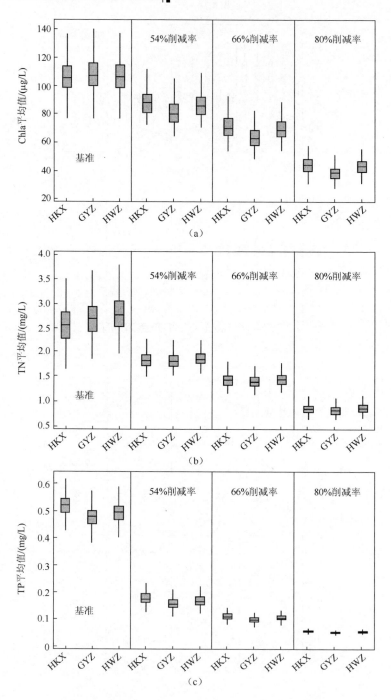

图 6.11 各情景下第 40 年运行后 3 个监测点水质情况

为滇池 3 个监测点的水质情况，包括南部海口西站（HKX）、中部观音山中（GYZ）和北部灰湾中站（HWZ）。其中，负荷基准情况为 Chla 的空间差异性缩小，TN 仍然维持北部高南部低的情况，TP 的浓度则成了北部低南部高。对于负荷削减的情景，GYZ 的 Chla 浓度最低，TN 和 TP 的空间差异性很小。空间分布发生变化的原因可能是北部和南部的湖体比中部更浅，此外，随着负荷的削减外界负荷输入的差异性也随之变小。

6.3.3　水质达标可能性（风险性）分析

概率型模型可以通过评估达到特定管理目标的可行性而获得更可靠的结果（Digar et al., 2011）。条件概率样本的 175 个模型模式的结果可以计算不确定决策分析的累计概率分布。图 6.12 展示了不同情景的水质浓度达标可能性。其中，每一个情景对应一个水质目标（III类、IV类和 V 类水，通过不同灰度表示）。此外，本节假设 Chla 的目标为 35μg/L（Liu et al., 2014）。

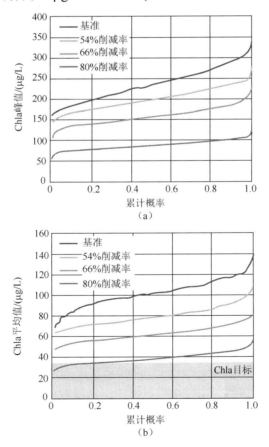

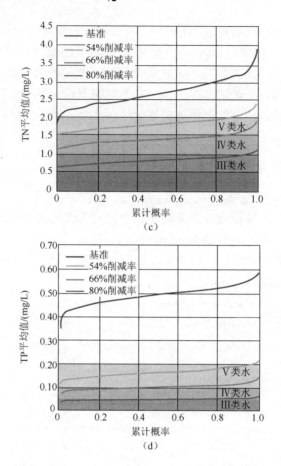

图 6.12　各削减情景下实现水质目标的可能性评价（见书后彩图）

不同颜色的线代表不同情景下的累计概率分布曲线，灰色为各水质指标削减目标，

从深到浅依次为 III 类、IV 类和 V 类水，Chla 目标设为 35μg/L

　　在初始确定型模型中（Wang et al., 2014a），54%负荷削减、66%负荷削减和 80%负荷削减分别可以实现Ⅴ类、Ⅳ类和Ⅲ类水质目标。在本章的概率型水质模型中，达到各目标的可能性如图 6.12 所示。对于 TN，达到相应水质目标（Ⅴ类、Ⅳ类和Ⅲ类水）的可能性分别是 86%、80%和 95%，TP 的可能性分别为 96%，80%和 45%。这可以理解为，54%的负荷削减在决策中有 86%的可能性实现 TN 的 Ⅴ 类水质目标。对于 80%的负荷削减的决策，只有 45%的可能性实现 TP 的Ⅲ类水质目标。绝大多数的水质目标实现可能性都较大，说明确定型模型的可靠性较高。但是 80%负荷削减决策达到Ⅲ类水质目标的可能性较低（45%），但是，不同模式的方差很小，从这方面理解，达到目标的问题也不大。Chla 只有 22%的可能性能

达到 35μg/L 的浓度目标。

除了年平均值，一年中达标天数率可以参见表 6.4。其中，对于 Chla 的水质标准，54%负荷削减情景和 66%负荷削减情景只有 0～18.68%和 0～31.32%的达标率，80%的负荷削减水平则可以提升到 22.53%～74.45%。对于 TN，不同情景的达标率变化幅度很大，说明决策目标的不确定性很大。

表 6.4　各水质指标在各负荷削减情景下全年达标天数率

削减情景	TN、TP 的目标	Chla/%	TN/%	TP/%
54%负荷削减	V 类水	0～18.68	12.36～100	54.40～86.54
66%负荷削减	IV 类水	0～31.32	15.38～94.23	23.90～71.15
80%负荷削减	III 类水	22.53～74.45	38.74～100	35.16～71.70

注：Chla 为固定的目标值；TN 和 TP 为相应水质标准

6.3.4　讨论

滇池的水体污染和高度富营养化问题一直是人们所关注的焦点。滇池富营养化控制和水生态系统修复对中国湖泊污染治理具有重要的借鉴和指导意义。近 30 年来，滇池一直处于严重的水质污染状态，虽然地方政府在滇池水环境修复问题上投入很大，但是并未取得明显的改善效果。

EFDC 模型在中国水质数值模拟中被广泛使用（陈异晖，2005；Zhao et al.，2013；Wang et al.，2014a；唐天均等，2014；张文时，2014；李一平等，2014，2015），是滇池湖体水质定量响应研究的重要工具。EFDC 模型通常采用手动调参的方法确定参数，然而观测数据的缺失严重以及模型参数量的庞大，导致决策者很难判断模型是否真实反映湖泊系统。特别是由于 EFDC 模型本身的复杂程度，存在异参同效的情况。多种参数值组合可能会出现相同的或较优的模型模拟效果，因此，无法判断哪个参数值更优（Beven，2006）。确定型滇池水质模型只能是滇池模拟模型的一种情况，而该情况是否真实却无法保证。因此，概率型水质模型在决策管理中具有重要的意义。

虽然 Wang 等（2014a）利用手动调参的方法构建了滇池的水质模型并评估了不同削减情景下湖泊水质响应过程，但却难以确定该模型结果是否符合真实情况，或者说与真实情况相差多远。通过运算全体模型样本，本章研究可以涵盖 50%～75% 的 Chla、DO、TN 和 TP 观测数据。由于构建模型时需要综合考虑不同的水质指标的结果，以及观测数据存在较大的稀缺性和不确定性，模拟趋势带无法完全覆盖观测值空间。在全局样本中寻找可行样本，作者发现即使设置一个相对容易的标准，依然只能在 10 000 个样本中寻找到 1.75%的可行样本。这说明对于类似 EFDC 水质模型的复杂模型，即使生成一个足够大的样本集，也较难找到一个可以完全吻合所有过程的参数组。此外，本章还利用 4000 个样本进行了相似的测试，同样，不到 2.0%的可行样本被筛选出来。这说明，随着输出目标的维数增大，参数率定问题会逐渐变难。然而，随着目标维数的提高，模型率定的准确性也会升高，特别是对于复杂模型，一般无法轻易控制输出数据的变化。进一步提高模拟结果，可能需要增加更多的观测数据。

在确定型模型中，3 种负荷削减情景对应不同的水质目标。概率型模型可以包含模型系统的可能性，从而提供实现削减目标的可能性。从本章研究结果可知，大部分情景都有 85%的可能性实现目标，80%负荷削减下实现 TP 的Ⅲ类水除外（但不确定性很低）。概率模型提供了一个更可靠的评价负荷削减响应关系的方法，结果表明过去几十年来持续性高负荷给滇池注入营养盐，导致滇池在极端削减情景下（80%）都需要一个较长的反应时间。根据此结果，本章判断滇池可能已经超过了其稳态转化点，因此极大地降低了环境修复的可能性。需要注意的是，目前使用的 EFDC 水质模型是一个理想化模型，滇池过去几十年来高营养盐水平的累积污染使得湖体水环境恢复到健康水平需要一个更长的反应时间，而在模型中这段时间的削减过程是理想化的（如保持稳定或高负荷比例的削减水平）。然而在现实过程中，负荷削减一般是一个循序渐进的过程。随着人口的逐渐增长，人类活动产生的负荷会逐渐增加，这需要提高生产和污水处理技术水平来进行源头控制。另外，滇池流域常年发生干旱情况，水资源需求量很高，假如湖泊的水质开始有了改善，如达到Ⅴ类水，滇池的供水潜在功能将受到重视，引滇池水进行农田灌溉等用水比例也有提高的可能，这也会影响水体的水质恢复过程。综上所述，当湖泊污染达到一定程度后，水质恢复的工作会变得异常艰巨。

6.4 本章小结

本章在确定型水质模型的基础上，提出了概率型水质模型的概念。通过概率型水质模型，进行滇池污染负荷削减达标的可能性评估，从而提供了基于模型进行管理决策时的不确定性评价。这对于复杂模型的实际应用非常重要，由于复杂模型的非线性关系和高维度参数空间水平，在实际过程中难以找到最佳的参数组合，而采用单一的参数组用于模拟无法评判该模型是否真实反映了系统的状况。因此，估算决策模型的决策风险水平非常重要。本章采用了可行参数组的思路，将所有可行的参数样本同等考虑，用于模拟负荷削减管理决策的水质响应结果，并计算累计概率曲线评估负荷削减情景实现水质浓度达标的可能性水平。结果表明，在 2003 年的基准上，需要削减 60%的营养盐输入才能接近水质恢复风险性水平降低的节点。此外，本章提供了 3 类削减水平和 1 类基准水平的长时序模拟情景，当削减量达到 80%时，TN 达到Ⅲ类水质标准（TN<1mg/L）的可能性为 95%，TP 为 45%（TP<0.2mg/L）。本章研究体现了滇池水质恢复工作的困难性和艰巨性。由此可以发现，当削减量较小时（50%以下），滇池水质情况并不会得到改善，依然存在湖体内部的负荷累积现象，然而，在滇池流域的高密度人口压力和社会经济压力下，如何长时间维持一个较高的削减水平是较为困难的，这回答了为什么近几十年来滇池水质修复工作中并没有得到一个较为明显的水质改善效果。本章假设各类参数组合表征一种湖体系统动力过程的可能情况，但存在问题是只研究水质参数的不确定性，而忽视了结构和边界条件的不确定性。此外，情景分析过程是一个理想化的稳定削减过程，而不考虑外界条件的变化和实际操作的不同，因此，在今后的研究中，需要纳入其他不确定性情况并扩大情景设置的范围。但总体来说，本章研究解决了过去基于确定型模型研究中的忽视决策模型不确定性问题。

第7章 结论与展望

本书主要针对模型不确定性问题，对三维水动力水质模型进行了不确定性分析、敏感性分析、参数自动率定以及不确定性情况下的水质响应可能性评价研究，针对 EFDC 水动力水质模型的高度不确定性和计算成本高的问题，以不确定性为主线，提出了一套"不确定性评价-参数自动估计-决策响应可能性评价"的研究体系，弥补了当前由于复杂水质模型计算成本问题受限的不确定性研究内容。

本书主要内容分为 4 部分，包括 EFDC 的滇池水动力水质模型构建、滇池 EFDC 三维水动力水质模型不确定性分析和敏感性分析、基于替代模型的多目标参数估计研究以及不确定性的决策响应可能性评价研究。

7.1 主 要 结 论

（1）本书通过对三维水动力水质模型进行不确定性分析，发现 Chla 和 DO 的参数不确定性较大，而 TN 和 TP 受到外部驱动力影响较大，说明了人为干预藻类生长的困难。识别出滇池 EFDC 模型富营养化指标的主要敏感因子（如碳磷比、藻类最大生长率、风速等），同时发现多维模型的不确定性与敏感性具有时空差异性。通过多情景对比可以发现模型最敏感和最不敏感因子基本一致，建议在此基础上简化模型。

本书通过 LHS 不确定性分析方法、Morris 敏感性分析方法和 SRRCs 敏感性分析方法的交叉使用和对比研究，对 EFDC 模型的多输出指标（Chla、DO、TN 和 TP）进行了时空的不确定性分析和敏感性分析研究，确定了参数和外部驱动力的不确定性范围、敏感性因子和其时空差异性。

研究发现，参数和外界驱动力对模型输出目标的不确定性影响很大，且不确定性具有时空差异性。其中，Chla 和 DO 的参数的不确定性较大，而 TN 和 TP 受到的外部驱动力的影响较大。推演至水质管理上，Chla 的控制受到多种因素的影响，因此较难削减，相对来说，氮和磷营养盐的管理更加容易。模型输出的度量方式会影响敏感性分析的结果，在确定主控因子前需要确定不确定性分析的目标对象。此外，滇池 EFDC 水质模型的主要敏感因子包括 CPprm1、Pc、Pg、Rc、Rg、TMc1、KEc、KLP、Wser。

在本书研究中还发现，主控因子并不完全受到模型方程的控制（也就是按照常规理解），由于模型的非线性和参数间的交互性较高（用 Morris 因子表示），在对结果输出时会相互影响，如 TN 的输出浓度对 KLP 的敏感性强于 KLN。在对敏感性进行不同程度对比时发现，以 CPprm1、Pc 等为代表的最敏感参数和以 SRP、KTG2c 为代表的最不敏感参数的敏感性结果稳定，因此，建议在后期模型改进中固定不敏感性参数来简化模型，而藻类生长相关参数才是控制模型结果的关键。

最后，因子的敏感性受到时间和空间的差异影响，这可以帮助决策者了解在全年运行过程中，主导过程的变化规律。通过对比 Morris 法和 SRRCs 法可以发现敏感性结果相似，说明敏感性分析的结果可靠。

（2）基于 BP 神经网络替代模型的参数率定方法，解决了 EFDC 模型自动率参计算成本较大的问题，采用基于权重的多目标优化方法可以将多输出变量转换为单输出目标进行参数率定。不同情景参数值相差较大，侧面论证了 EFDC 模型的异参同效性，也强调了在模型应用中考虑参数不确定性的重要性。

针对 EFDC 水质模型参数维度大、输出结果空间维度高以及计算成本过高的问题，本书提出了一套基于替代模型的多目标参数估计方法。首先，采用 Morris 敏感性分析结果降低参数的维度；接着，利用 BP 神经网络替代 EFDC 模拟模型，并将训练好的神经网络与多目标优化算法耦合，通过设置权重情景解决输出结果多维度问题；最后，采用遗传算法求解耦合模拟优化问题，从而解决复杂模型参数率定的计算瓶颈问题。

本书通过对比样本对 BP 网络模拟效果的影响确定合适的样本数量，并在参数估计时设定 9 个不同的权重指标，针对 Chla、DO、TN 和 TP 的考量确定模拟的倾向性，发现采用提前设定权重后训练 BP 神经网络并耦合 GA 算法的参数估计方法可以很好地区分不同指标的重视情况。此外，虽然模拟的效果近似，但是不同情景的参数取值范围差异很大，这说明 EFDC 模型的异参同效性问题严重，也论证了下一步决策风险评价的重要意义。

（3）基于水质模型的决策风险评价，证明了滇池负荷削减决策有很大可能性达到既定的水质目标，但需要较长的时间去维持理想负荷削减情况。

本书在确定型模型的基础上，提出了一种概率型水质模型的研究方法。通过概率型水质模型，进行滇池污染负荷削减达标的可能性评估，从而提供了基于模型进行管理决策时的风险性评价。设定负荷削减 80%、66%、54%3 种削减情景以及 1 种基准情景进行情景达标的可能性研究，通过筛选可行参数样本带入模型，确定各情景下的累计概率分布。

结果发现在 2003 年的基准上，需要削减 60% 的营养盐输入才能接近水质恢复风险性水平降低的节点。对于 TN，达到相应水质目标（Ⅴ类、Ⅳ类和Ⅲ类水）的可能性分别是 86%、80%和 95%，TP 的可能性分别为 96%、80%和 45%。不同的参数组合可以代表一种可能的系统情况，筛选可行样本即是选择可能的系统情景。由于无法构建真实系统下的模型，通过给出达标可能性可以有效判断模型决策分析的风险性，从而提供了一种更加可靠的决策手段，解决了确定型模型无法解决的问题。

7.2 创 新 点

虽然水质模型被人们普遍使用，但是 EFDC 模型等结构复杂的水质模型在不确定性分析方面的研究仍然罕见，通常是采用 OAT 的局部分析方法进行研究。本书首次对 EFDC 水动力水质模型进行全局不确定性分析和敏感性分析，同时评估不同因子的非线性和交互性关系，发现模型内部的交互性导致模型内部各因子存在相互影响。对比不同情景后发现最敏感参数和最不敏感参数的结果稳定，说明在模型主要控制方程可以进行重点筛选，而不敏感参数的控制方程则可以进行固定，为今后模型开发提供指导意见。此外，本书考虑了不确定性和敏感性分析的时空差异性，定量评估在过程中主控过程的变化。

复杂水质模型往往难以进行自动率参，本书提出基于 BP 神经网络替代模型的多目标参数优化方法，减少了复杂模型的计算成本，并通过权重分配方法解决了水质模型输出目标多维度时参数估计的问题。

本书在确定型模型的基础上，提出了一种概率型水质模型的研究方法，通过模型估计各负荷削减情景下实现水质浓度目标的可能性，从而评估了决策模型的风险性。

7.3 不足与展望

不同模型的框架机理不尽相同，本书以 EFDC 水动力水质模型为框架进行研究，但由于模型研究往往基于很多假设，在今后研究中还需进一步确认分析。本书研究在方法和内容上存在 3 个不足，未来将围绕以下不足进行继续研究。

首先，在不确定性分析时，只考虑了输入条件和参数的不确定性情况，未考虑模型结构不确定性以及模型网格划分的影响。因此，未来需要将模型结构拆分出来，探索方程结构对结果的不确定性影响。

其次，在参数估计时，采用传统的 BP 神经网络进行替代，虽然结果较为理想，但由于模型的高度异参同效性，估算的参数值可能并不是最好的单一情况，可能需要对比其他替代算法以及优化算法，从而构建出更加准确的参数估计算法模型。

　　最后，在进行响应可能性评估时，模型是建立在一种理想状况下，但现实中边界条件（如气象、负荷、流量）都会发生变化，因此本书只能提供一个决策的风险水平，而不是真实系统的概率结果。此外，在进行可行样本筛选时，由于观测值的缺失和不确定性，本书只采用了一种松散的筛选手段，未来可以通过提高数据的质量得到更加可靠的结果。

参 考 文 献

曹飞凤. 2010. 基于 MCMC 方法的概念性流域水文模型参数优选及不确定性研究[D]. 杭州: 浙江大学.

陈异晖. 2005. 基于 EFDC 模型的滇池水质模拟[J]. 云南环境科学, 04: 28-30.

程声通, 陈毓龄. 1995. 环境系统分析[M]. 北京: 高等教育出版社.

崔逊学, 林闯, 方廷健. 2003. 多目标进化算法的研究与进展[J]. 模式识别与人工智能, 3: 306-314.

丁艳青, 朱广伟, 秦伯强, 等. 2011. 波浪扰动对太湖底泥磷释放影响模拟[J]. 水科学进展, 02: 273-278.

冯民权, 郑邦民, 周孝德. 2009. 水环境模拟与预测[M]. 北京: 科学出版社.

甘衍军. 2014. 复杂地球物理过程模型的敏感性分析方法与应用研究[D]. 北京: 北京师范大学.

郭怀成, 王心宇, 伊璇. 2013. 基于滇池水生态系统演替的富营养化控制策略[J]. 地理研究, 06: 998-1006.

何理, 曾光明. 2001. 用模糊模拟技术研究水环境中的可能性风险[J]. 环境科学学报, 05: 634-636.

环境保护部. 2015. 2014 年中国环境状况公报[R/OL]. [2015-02-10]. http://www.zhb.gov.cn/hjzl/zghjzkgb/lssj/2014nzghjzkgb/.

环境保护部. 2013. 2013 年中国环境状况公报[R/OL]. [2015-02-10]. http://www.zhb.gov.cn/hjzl/zghjzkgb/lssj/2013nzghjzkgb/.

金树权. 2008. 水库水源地水质模拟预测与不确定性分析[D]. 杭州: 浙江大学.

昆明市委. 2016. 昆明市委关于制定昆明市"十三五"规划的建议[R/OL]. [2016-02-14]. http://www.km.gov.cn/c/2016-01-04/1006334.shtml.

李继选, 王军. 2006. 水环境数学模型研究进展[J]. 水资源保护, 1: 9-14.

李蒙, 谢国清, 鲁韦坤, 等. 2011. 气象条件对滇池水华分布的影响[J]. 气象科学, 5: 639-645.

李娜. 2013. 流域污染控制与定量研究[D]. 北京: 北京大学.

李如忠. 2004. 河流水环境系统不确定性问题研究[D]. 南京: 河海大学.

李一平, 邱利, 唐春燕, 等. 2014. 湖泊水动力模型外部输入条件不确定性和敏感性分析[J]. 中国环境科学, 02: 410-416.

李一平, 唐春燕, 余钟波, 等. 2012. 大型浅水湖泊水动力模型不确定性和敏感性分析[J]. 水科学进展, 23(2):271-277.

李一平, 王静雨, 滑磊. 2015. 基于 EFDC 模型的河道型水库藻类生长对流域污染负荷削减的响应——以广东长潭水库为例[J]. 湖泊科学, 05: 811-818.

马荣华, 杨桂山, 段洪涛, 等. 2011. 中国湖泊的数量、面积与空间分布[J]. 中国科学:地球科学, 03: 394-401.

Mitchell T M. 2003. 机器学习[M]. 曾华军, 张银奎, 等译. 北京: 机械工业出版社.

秦伯强. 2009. 太湖生态与环境若干问题的研究进展及其展望[J]. 湖泊科学, 04: 445-455.

申玮, 郭宗楼, 周新超. 2004. 直接搜索——模拟退火算法在水质模型参数识别中的应用[J]. 西北农林科技大学学报(自然科学版), 05: 101-104.

盛虎. 2013. 数据缺失下流域模拟方法研究[D]. 北京: 北京大学.

施小清, 吴吉春, 姜蓓蕾, 等. 2009. 基于 LHS 方法的地下水流模型不确定性分析[J]. 水文地质工程地质, 36(2):1-6.

唐天均, 杨晟, 尹魁浩, 等. 2014. 基于 EFDC 模型的深圳水库富营养化模拟[J]. 湖泊科学, 03: 393-400.

童晶. 2009. 多目标优化的 Pareto 解的表达与求取[D]. 武汉: 武汉科技大学.

童晶, 赵明旺. 2009. 高效求解 Pareto 最优前沿的多目标进化算法[J]. 计算机仿真, 06: 216-219.

王纲胜, 夏军, 陈军锋. 2010. 模型多参数灵敏度与不确定性分析[J]. 地理研究, 02: 263-270.

王好芳, 董增川. 2004. 基于量与质的多目标水资源配置模型[J]. 人民黄河, 26(6): 14-15.

王珏, 石纯一. 2003. 机器学习研究[J]. 广西师范大学学报(自然科学版), 2: 1-15.

王薇, 曾光明, 何理. 2004. 用模拟退火算法估计水质模型参数[J]. 水利学报, 06: 61-67.

王心宇, 周丰, 伊璇, 等. 2014. 滇池沉积物中主要污染物含量时间分异特征研究[J]. 环境科学, 1: 194-201.

伍爱华. 2007. 多目标蚁群遗传算法在区域水资源优化配置中的应用研究[J]. 电脑知识与技术, 4(23):1392-1393, 1398.

解宇峰. 2014. 跨流域调水工程水环境系统风险评估研究——以牛栏江-滇池补水工程为例[D]. 北京: 北京大学.

邢可霞, 郭怀成. 2006. 环境模型不确定性分析方法综述[J]. 环境科学与技术, 5:112-115.

徐贵泉, 宋德蕃, 黄士力, 等. 1996. 感潮河网水量水质模型及其数值模拟[J]. 应用基础与工程科学学报, 4(1):94-105.

徐祖信, 廖振良. 2003. 水质数学模型研究的发展阶段与空间层次[J]. 上海环境科学, 2: 79-85.

贠汝安, 董增川, 王好芳. 2010. 基于 NSGA2 的水库多目标优化[J]. 山东大学学报(工学版), 6: 124-128.

张利茹, 管仪庆, 王君, 等. 2010. GLUE 法分析水文模型参数不确定性的研究[J]. 水力发电, 05: 14-16.

张庆庆. 2012. 基于贝叶斯网络的水质风险分析[D]. 杭州: 浙江大学.

张文时. 2014. 基于 EFDC 模型的山地河流水动力水质模拟[D]. 重庆: 重庆大学.

张以飞, 王玉琳, 汪靓. 2015. EFDC 模型概述与应用分析[J]. 环境影响评价, 03: 70-72.

张质明. 2013. 基于不确定性分析的 WASP 水质模型研究[D]. 北京: 首都师范大学.

钟政林, 曾光明, 杨春平, 等. 1997. 随机理论在环境影响风险评价中的应用[J]. 湖南大学学报(自然科学版), 01: 34-39.

周丰, 郭怀成. 2010. 不确定性非线性系统"模拟-优化"耦合模型研究[M]. 北京:科学出版社.

左其亭, 夏军. 2002. 陆面水量-水质-生态耦合系统模型研究[J]. 水利学报, 2: 61-65.

Ahmadi M, Ascough J C, De Jonge K C, et al. 2014. Multisite-multivariable sensitivity analysis of distributed watershed models: enhancing the perceptions from computationally frugal methods[J]. Ecological Modelling, 279:54-67.

Arena C, Mazzola M R, Scordo G. 2010. A simulation/optimization model for selecting infrastructure alternatives in complex water resource systems[J]. Water Science and Technology, 61(12): 3050-3060.

Arnold J G, Allen P M, Bernhardt G. 1993. A comprehensive surface-groundwater flow model [J]. Journal of Hydrology, 142(1-4): 47-69.

Bau D A, Mayer A S. 2006. Stochastic management of pump-and-treat strategies using surrogate functions[J]. Advances in Water Resources, 29(12):1901-1917.

Beven K J. 2001a. Equirnality, data assimilation and uncertainty estimation in mechanistic modelling of complex environmental systems using the GLUE methodology[J]. Journal of Hydrology, 249(1-4):11-29.

Beven K J. 2001b. Rainfall-Runoff Modelling[M]. Chichester: Wiley Online Library.

Beven K. 2006. A manifesto for the equifinality thesis[J]. Journal of Hydrology, 320(1-2):18-36.

Bhattacharjya R, Datta B. 2005. Optimal management of coastal aquifers using linked simulation optimization approach[J]. Water Resources Management, 19(3):295-320.

Blanning R W. 1975. The construction and implementation of metamodels[J]. Simulation, 24(6): 177-184.

Brun R, Reichert P, Kunsch H R. 2001. Practical identifiability analysis of large environmental simulation models[J]. Water Resources Research, 37(4):1015-1030.

Burrows W, Doherty J. 2015. Efficient calibration/uncertainty analysis using paired complex/surrogate models[J]. Groundwater, 53(4):531-541.

Campolongo F, Cariboni J, Saltelli A. 2007. An effective screening design for sensitivity analysis of large models[J]. Environmental Modelling & Software, 22(10):1509-1518.

Campolongo F, Saltelli A. 1997. Sensitivity analysis of an environmental model an application of different analysis methods[J]. Reliability Engineering & System Safety, 57(1):49-69.

Carpenter S R. 2005. Eutrophication of aquatic ecosystems: bistability and soil phosphorus[J]. PNAS, 102(29): 10002-10005.

Carpenter S R, Christensen D L, Cole J J, et al. 1995. Biological control of eutrophication in lakes[J]. Environment Science & Technology, 29(3): 784-786.

Carpenter S R, Lathrop R C. 2008. Probabilistic estimate of a threshold for eutrophication[J]. Ecosystems, 11(4):601-613.

Castelletti A, Galelli S, Restelli M, et al. 2012a. Data-driven dynamic emulation modelling for the optimal management of environmental systems[J]. Environmental Modelling & Software, 34(SI):30-43.

Castelletti A, Galelli S, Ratto M, et al. 2012b. A general framework for dynamic emulation modelling in environmental problems[J]. Environmental Modelling & Software, 34:5-18.

Castelletti A, Pianosi F, Soncini-Sessa R, et al. 2010. A multiobjective response surface approach for improved water quality planning in lakes and reservoirs[J]. Water Resources Research,46: W06502.

Castillo E, Conejo A J, Castillo C, et al. 2007. Closed formulas in local sensitivity analysis for some classes of linear and non-linear problems[J]. TOP, 15(2):355-371.

Cervellera C, Chen V, Wen A H. 2006. Optimization of a large-scale water reservoir network by stochastic dynamic programming with efficient state space discretization[J]. European Journal of Operational Research, 171(3):1139-1151.

Chapra S C. 1997. Surface Water-Quality Modeling[M]. New York, The McGraw-Hill Companies.

Charnes A, Cooper W W. 1957. Management models and industrial applications of linear programming[J]. Management Science, 4(1):38-91.

Chaves P, Kojiri T. 2007. Deriving reservoir operational strategies considering water quantity and quality objectives by stochastic fuzzy neural networks[J]. Advances in Water Resources, 30(5):1329-1341.

Chen V, Tsui K L, Barton R R, et al. 2006. A review on design, modeling and applications of computer experiments[J]. IIE Transactions, 38(4):273-291.

Ciric C, Ciffroy P, Charles S. 2012. Use of sensitivity analysis to identify influential and non-influential parameters within an aquatic ecosystem model[J]. Ecological Modelling, 246:119-130.

Conley D J, Paerl H W, Howarth R W, et al. 2009. Controlling eutrophication: nitrogen and phosphorus[J]. Science, 323: 1014-1015.

Cooke G D, Welch E B, Peterson S, et al. 2005. Restoration and Management of Lakes and Reservoirs[M]. Boca Raton: CRC press.

Cooper V A, Nguyen V, Nicell J A. 1997. Evaluation of global optimization methods for conceptual rainfall-runoff model calibration[J]. Water Science and Technology, 36(5):53-60.

De Jong K A. 1975. An analysis of the behavior of a class of genetic adaptive systems[J]. Ann Arbor: University of Michigan.

Deb K, Pratap A, Agarwal S, et al. 2002. A fast and elitist multiobjective genetic algorithm: NSGA-II[J]. IEEE Transactions on Evolutionary Computation, 6(2):182-197.

De Jonge K C, Ascough J C, Ahmadi M, et al. 2012. Global sensitivity and uncertainty analysis of a dynamic agroecosystem model under different irrigation treatments[J]. Ecological Modelling, 231: 113-125.

Dhar A, Datta B. 2008. Optimal operation of reservoirs for downstream water quality control using linked simulation optimization[J]. Hydrological Process, 22(6):842-853.

Digar A, Cohan D S, Cox D D, et al. 2011. Likelihood of achieving air quality targets under model uncertainties[J]. Environmental Science & Technology, 1(45):189-196.

Duan Q, Sorooshian S, Gupta V. 1992. Effective and efficient global optimization for conceptual rainfall-runoff models [J]. Water Resouces Research, 28(4):1015-1031.

Duan Q, Sorooshian S, Gupta V K. 1994. Optimal use of the SCE-UA global optimization method for calibrating watershed models[J]. Journal of Hydrology, 158(3-4):265-284.

Ejaz M S, Peralta R C. 1995. Maximizing gonjunctive use of surface and ground-water quality constraints [J]. Advances in Water Resources, 18(2):67-75.

Foley K M, Reich B J, Napelenok S L. 2012. Bayesian analysis of a reduced-form air quality model[J]. Environmental Science & Technology, 46(14):7604-7611.

Forrester A I, Keane A J. 2009. Recent advances in surrogate-based optimization[J]. Progress in Aerospace Sciences, 45(1):50-79.

Freni G, Mannina G, Viviani G. 2008. Uncertainty in urban stormwater quality modelling: the effect of acceptability threshold in the GLUE methodology[J]. Water Research, 42(8-9):2061-2072.

Gamerith V, Neumann M B, Muschalla D. 2013. Applying global sensitivity analysis to the modelling of flow and water quality in sewers[J]. Water Research, 47(13):4600-4611.

Gan Y, Duan Q, Gong W, et al. 2014. A comprehensive evaluation of various sensitivity analysis methods: a case study with a hydrological model[J]. Environmental Modelling & Software, 51:269-285.

Gong W, Duan Q, Li J, et al. 2015. Multi-objective parameter optimization of common land model using adaptive surrogate modeling[J]. Hydrology and Earth System Sciences, 19(5):2409-2425.

Griewank A, Walther A. 2008. Evaluating Derivatives: Principles and Techniques of Algorithmic Differentiation[M]. Philadelphia: SIAM.

Gupta H V, Sorooshian S, Yapo P O. 1998. Toward improved calibration of hydrologic models: multiple and noncommensurable measures of information[J]. Water Resources Research, 34(4):751-763.

Hadka D. 2011. MOEA framework user manual[CP/OL]. [2014-02-16]. http://www.moeaframework. org/.

Hadka D, Reed P M, Simpson T W.2012. Diagnostic assessment of the borg MOEA for many-objective product family design problems[J]. Evolutionary Computation IEEE, 22: 1-10.

Hadka D, Reed P. 2012. Diagnostic assessment of search controls and failure modes in many-objective evolutionary optimization[J]. Evolutionary Computation, 20(3):423-452.

Hamrick J M. 1992. A Three-Dimensional Environmental Fluid Dynamics Computer Code: Theoretical and Computational Aspects[M]. Williamsburg: Virginia Institute of Marine Science.

Helton J C, Johnson J D, Sallaberry C J, et al. 2006. Survey of sampling-based methods for uncertainty and sensitivity analysis[J]. Reliability Engineering & System Safety, 91(10-11):1175-1209.

Herman J D, Kollat J B, Reed P M, et al. 2013a. From maps to movies: high-resolution time-varying sensitivity analysis for spatially distributed watershed models[J]. Hydrology and Earth System Sciences, 17(12):5109-5125.

Herman J D, Kollat J B, Reed P M, et al. 2013b. Technical note: method of morris effectively reduces the computational demands of global sensitivity analysis for distributed watershed models[J]. Hydrology and Earth System Sciences, 17(7):2893-2903.

Herman J D, Reed P M, Wagener T. 2013c. Time-varying sensitivity analysis clarifies the effects of watershed model formulation on model behavior[J]. Water Resources Research, 49(3):1400-1414.

Hogrefe C, Rao S T. 2001. Demonstrating attainment of the air quality standards: integration of observations and model predictions into the probabilistic framework[J]. Journal of the Air & Waste Management Association, 51(7): 1060-1072.

Holland J H. 1975. Adaption in natural and artificial systems[J]. Control & Artificial Intelligence University of Michigan Press, 6(2): 126-137.

Hornberger G M, Spear R C. 1983. An Approach to the Analysis of Behavior and Sensitivity in Environmental Systems[M]. Berlin: Springer.

Hu L, Hu W, Zhai S, et al. 2010. Effects on water quality following water transfer in Lake Taihu, China[J]. Ecological Engineering, 36(4):471-481.

Janse J H, Scheffer M, Lijklema L, et al. 2010. Estimating the critical phosphorus loading of shallow lakes with the ecosystem model PCLake: sensitivity, calibration and uncertainty[J]. Ecological Modelling, 221(4):654-665.

Jeppesen E, Søndergaard M, Meerhoff M, et al. 2007. Shallow lake restoration by nutrient loading reduction—some recent findings and challenges ahead[J]. Hydrobiologia, 584(1):239-252.

Ji Z. 2012. Hydrodynamics and Water Quality Modeling Rivers, Lakes and Estuaries[M]. Beijing: Ocean Press.

Jin R, Chen W, Simpson T W. 2001. Comparative studies of metamodelling techniques under multiple modelling criteria[J]. Structural and Multidisciplinary Optimization, 23(1):1-13.

Johnson V M, Rogers L L. 2000. Accuracy of neural network approximators in simulation-optimization[J]. Journal of Water Resources Planning And Management-ASCE, 126(2):48-56.

Kannan N, White S M, Worrall F, et al. 2007. Sensitivity analysis and identification of the best evapotranspiration and runoff options for hydrological modelling in SWAT-2000[J]. Journal of Hydrology, 332(3-4):456-466.

Kanso A, Chebbo G, Tassin B. 2006. Application of MCMC-GSA model calibration method to urban runoff quality modeling[J]. Reliability Engineering & System Safety, 91(10-11):1398-1405.

Karamouz M, Mojahedi S A, Ahmadi A. 2010. Interbasin water transfer: economic water quality-based model[J]. Journal Of Irrigation And Drainage Engineering-ASCE, 136(2):90-98.

Kasprzyk J R, Reed P M, Characklis G W, et al. 2012. Many-objective de Novo water supply portfolio planning under deep uncertainty[J]. Environmental Modelling & Software, 34:87-104.

Keating E H, Doherty J, Vrugt J A, et al. 2010. Optimization and uncertainty assessment of strongly nonlinear groundwater models with high parameter dimensionality[J]. Water Resources Research,46(10):W10517.

Kinelbach W.1987. 水环境数学模型[M]. 北京: 中国建筑工业出版社.

King D M, Perera B J C. 2013. Morris method of sensitivity analysis applied to assess the importance of input variables on urban water supply yield—a case study[J]. Journal of Hydrology, 477:17-32.

Kuczera G. 1997. Efficient subspace probabilistic parameter optimization for catchment models[J]. Water Resources Research, 33(1):177-185.

Kuczera G, Mroczkowski M. 1998. Assessment of hydrologic parameter uncertainty and the worth of multiresponse data[J]. Water Resources Research, 34(6): 1481-1489.

Lamboni M, Makowski D, Lehuger S, et al. 2009. Multivariate global sensitivity analysis for dynamic crop models[J]. Field Crops Research, 113(3):312-320.

Li H, Li Y, Huang G, et al. 2012. A simulation-based optimization approach for water quality management of Xiangxihe River under uncertainty[J]. Environmental Engineering Science, 29(4):270-283.

Li J, Duan Q Y, Gong W, et al. 2013. Assessing parameter importance of the common land model based on qualitative and quantitative sensitivity analysis[J]. Hydrology and Earth System Sciences, 17(8):3279-3293.

Li Y, Tang C, Zhu J, et al. 2015. Parametric uncertainty and sensitivity analysis of hydrodynamic processes for a large shallow freshwater lake[J]. Hydrological Sciences Journal, 60(6): 1-18.

Lindenschmidt K, Fleischbein K, Baborowski M. 2007. Structural uncertainty in a river water quality modelling system[J]. Ecological Modelling, 204(3-4):289-300.

Liu Y, Wang Y, Sheng H, et al. 2014. Quantitative evaluation of lake eutrophication responses under alternative water diversion scenarios: a water quality modeling based statistical analysis approach[J]. Science of the Total Environment, 468: 219-227.

Liu Z J, Hashim N B, Kingery W L, et al. 2008a. Hydrodynamic modeling of St. Louis Bay estuary and watershed using EFDC and HSPF[J]. Journal Of Coastal Research, 52: 107-116.

Liu Y, Yang P, Hu C, et al. 2008b. Water quality modeling for load reduction under uncertainty: a Bayesian approach[J]. Water Research, 42(13):3305-3314.

Makler-Pick V, Gal G, Gorfine M, et al. 2011. Sensitivity analysis for complex ecological models—a new approach[J]. Environmental Modelling & Software, 26(2):124-134.

Manache G, Melching C S. 2004. Sensitivity analysis of a water-quality model using Latin hypercube sampling[J]. Journal Of Water Resources Planning And Management-ASCE, 130(3):232-242.

Manache G, Melching C S. 2008. Identification of reliable regression-and correlation-based sensitivity measures for importance ranking of water-quality model parameters[J]. Environmental Modelling & Software, 23(5):549-562.

Metropolis N, Rosenbluth A W, Rosenbluth M N, et al. 1953. Equation of state calculations by fast computing machines[J]. Journal of Chemical Physics, 21(6):1087-1092.

Mirfendereski G A, Mousavi S J. 2011. Comparison of support vector machines and response surface models in meta-modeling applied in basin-scale optimum water allocation[C]. 19th International Congress On Modelling and Simulation, Perth: 1237-1243.

Moré J J. 1978. The Levenberg-Marquardt algorithm: implementation and theory[J]. Lecture Notes in Mathematics, 630:105-116.

Morris D J. 1991. Factorial sampling plans for preliminary computational experiments[J]. Technometrics, 33(2): 161-174.

Morris D J, Speirs D C, Cameron A I, et al. 2014. Global sensitivity analysis of an end-to-end marine ecosystem model of the North Sea: factors affecting the biomass of fish and benthos[J]. Ecological Modelling, 273:251-263.

Mousavi S J, Shourian M. 2010. Adaptive sequentially space-filling metamodeling applied in optimal water quantity allocation at basin scale[J]. Water Resources Research, 46(3): 1551-1633.

Neumann M B. 2012. Comparison of sensitivity analysis methods for pollutant degradation modelling: a case study from drinking water treatment[J]. Science of the Total Environment, 433: 530-537.

Nielsen A, Trolle D, Bjerring R, et al. 2014. Effects of climate and nutrient load on the water quality of shallow lakes assessed through ensemble runs by PCLake[J]. Ecological Applications, 24(8):1926-1944.

Nossent J, Elsen P, Bauwens W. 2011. Sobol' sensitivity analysis of a complex environmental model[J]. Environmental Modelling & Software, 26(12):1515-1525.

O'Connor D J, Mueller J A, Farley K J. 1983. Distribution Of kepone in the James River estuary[J]. Journal of Environmental Engineering-ASCE, 109(2): 396-413.

Officer C B, Smayda T J, Mann R. 1982. Benthic filter feeding: a natural eutrophication control[J]. Marine Ecology Progress Series, 2(9): 203-210.

Oglesby R T, Edmondson W T. 1966. Control of eutrophication[J]. Journal of Water Pollution

Control Federation, 38(9): 1452-1460.

Partnership On Nutrient Management. 2013. Our Nutrient World[R/OL]. [2014-06-10]. http://nutrientchallenge. org/ document/our-nutrient-world.

Pastres R, Franco D, Pecenik G, et al. 1997. Local sensitivity analysis of a distributed parameters water quality model[J]. Reliability Engineering & System Safety, 57(1):21-30.

Pinder R W, Gilliam R C, Appel K W, et al. 2009. Efficient probabilistic estimates of surface ozone concentration using an ensemble of model configurations and direct sensitivity calculations[J]. Environmental Science & Technology, 43(7):2388-2393.

Potschka A, Logist F, Impe J F V, et al. 2011. Tracing the Pareto frontier in bi-objective optimization problems by ODE techniques[J]. Numerical Algorithms, 57(2):217-233.

Queipo N V, Haftka R T, Shyy W, et al. 2005. Surrogate-based analysis and optimization[J]. Progress in Aerospace Sciences, 41(1):1-28.

Raj R, Hamm N A S, van der Tol C, et al. 2014. Variance-based sensitivity analysis of BIOME-BGC for gross and net primary production[J]. Ecological Modelling, 292:26-36.

Razavi S, Tolson B A, Burn D H. 2012. Review of surrogate modeling in water resources[J]. Water Resources Research, 48(7): 7401

Reed P M, Kollat J B. 2012. Save now, pay later? Multi-period many-objective groundwater monitoring design given systematic model errors and uncertainty[J]. Advances in Water Resources, 35: 55-68.

Reed P, Minsker B S, Goldberg D E. 2003. Simplifying multiobjective optimization: an automated design methodology for the nondominated sorted genetic algorithm-II[J]. Water Resources Research, 39: 11967.

Refsgaard J C, Madsen H, Andréassian V, et al. 2014. A framework for testing the ability of models to project climate change and its impacts[J]. Climatic Change, 122(1-2):271-282.

Rumelhart D E, McCelland J L. 1986. Parallel distributed processing [M]. Cambridge: MIT Press.

Roth N, Klimesch J, Pacher M, et al. 1981. Multicriterion optimization in structural design[J]. Multicriterion Optimization in Structural Design, 57(2): 781-790.

Salacinska K, El Serafy G Y, Los F J, et al. 2010. Sensitivity analysis of the two dimensional application of the generic ecological model (GEM) to algal bloom prediction in the North Sea[J]. Ecological Modelling, 221(2):178-190.

Saltelli A. 2002. Making best use of model evaluations to compute sensitivity indices[J]. Computer Physics Communications, 145(2):280-297.

Saltelli A, Ratto M, Andres T, et al. 2008. Global Sensitivity Analysis: The Primer[M]. Hoboken: John Wiley & Sons.

Saltelli A, Ratto M, Tarantola S, et al. 2006. Sensitivity analysis practices: strategies for model-based inference[J]. Reliability Engineering & System Safety, 91(10-11):1109-1125.

Saltelli A, Tarantola S, Campolongo F, et al. 2004. Sensitivity Analysis in Practice: A Guide to Assessing Scientific Models[M]. Hoboken: John Wiley & Sons.

Saltelli A, Tarantola S, Chan K. 1999. A quantitative model-independent method for global sensitivity analysis of model output[J]. Technometrics, 41(1):39-56.

Schindler D W. 2006. Recent advances in the understanding and management of eutrophication[J]. Limnology and Oceanography, 51(12):356-363.

Selman M, Greenhalgh S. 2009. Eutrophication: sources and drivers of nutrient pollution[J]. WRI Policy Note, 26(4): 19-26.

Shaygan M, Alimohammadi A, Mansourian A, et al. 2014. Spatial multi-objective optimization approach for land use allocation using NSGA-II[J]. IEEE Journal of Selected Topics in Applied Earth Observations and Remote Sensing, 7(3):906-916.

Shen Z Y, Chen L, Chen T. 2012. Analysis of parameter uncertainty in hydrological and sediment modeling using GLUE method: a case study of SWAT model applied to Three Gorges Reservoir Region, China[J]. Hydrology and Earth System Sciences, 16(1):121-132.

Simpson T W, Toropov V, Balabanov V, et al. 2008. Design and analysis of computer experiments in multidisciplinary design optimization-a review of how far we have come or not[C]. 12th AIAA/ISSMO Multidisciplinary Analysis and Optimization Conference, Victoria.

Sin G, Gernaey K V, Neumann M B, et al. 2011. Global sensitivity analysis in wastewater treatment plant model applications: prioritizing sources of uncertainty[J]. Water Research, 45(2):639-651.

Singh K P, Basant A, Malik A, et al. 2009. Artificial neural network modeling of the river water quality—a case study[J]. Ecological Modelling, 220(6): 888-895.

Smith R A, Schwarz G E, Alexander R B. 1997. Regional interpretation of water-quality monitoring data[J]. Water Resources Research, 33(12): 2781-2798.

Smith V H, Joye S B, Howarth R W. 2006. Eutrophication of freshwater and marine ecosystems[J]. Limnology and Oceanography, 51(12):351-355.

Smith V H, Tilman G D, Nekola J C. 1999. Eutrophication: impacts of excess nutrient inputs on freshwater, marine and terrestrial ecosystems[J]. Environal Pollution, 100(1-3):179-196.

Sobol I M. 1993. Sensitivity analysis for nonlinear mathematical models[J]. Mathematical Modeling & Computational Experiment, 4(1):407-414.

Song X, Zhan C, Xia J. 2012a. Integration of a statistical emulator approach with the SCE-UA method for parameter optimization of a hydrological model[J]. Chinese Science Bulletin, 57(26):3397-3403.

Song X, Zhan C, Xia J, et al. 2012b. An efficient global sensitivity analysis approach for distributed hydrological model[J]. Journal of Geographical Sciences, 22(2):209-222.

Song X, Zhang J, Zhan C, et al. 2015. Global sensitivity analysis in hydrological modeling: review of concepts, methods, theoretical framework and applications[J]. Journal of Hydrology, 523:739-757.

Sun X Y, Newham L T H, Croke B F W, et al. 2012. Three complementary methods for sensitivity analysis of a water quality model[J]. Environmental Modelling & Software, 37: 19-29.

Tetra Tech Inc. 2007. The Environmental Fluid Dynamics Code Theory and Computation Volume 1: Hydrodynamics and Mass Transport[R]. Fairfax, VA, USA.

Thomann R V. 1998. The future "golden age" of predictive models for surface water quality and ecosystem management[J]. Journal of Environmental Engineering-ASCE, 124(2): 94-103.

Vieira J, Lijklema L. 1989. Development and application of a model for regional water quality management[J]. Water Research, (23):767-777.

Wang J, Li X, Lu L, et al. 2013. Parameter sensitivity analysis of crop growth models based on the extended Fourier amplitude sensitivity test method[J]. Environmental Modelling & Software, 48:171-182.

Wang L. 2005. A hybrid genetic algorithm-neural network strategy for simulation optimization[J]. Applied Mathematics and Computation, 170(2):1329-1343.

Wang Q J. 1991. The genetic algorithm and its application to calibrating conceptual rainfall-runoff models[J]. Water Resources Research, 27(9):2467-2471.

Wang Z, Zou R, Zhu X, et al. 2014a. Predicting lake water quality responses to load reduction: a three-dimensional modeling approach for total maximum daily load[J]. International Journal of Environmental Science and Technology, 11(2):423-436.

Wang C, Duan Q, Gong W, et al. 2014b. An evaluation of adaptive surrogate modeling based optimization with two benchmark problems[J]. Environmental Modelling & Software, 60:167-179.

Wellen C, Kamran-Disfani A, Arhonditsis G B. 2015. Evaluation of the current state of distributed watershed nutrient water quality modeling[J]. Environmental Science & Technology, 49(6): 3278-3290.

Xu H, Paerl H W, Qin B, et al. 2010. Nitrogen and phosphorus inputs control phytoplankton growth in eutrophic Lake Taihu, China[J]. Limnology and Oceanography, 55(1):420-432.

Xu M, van Overloop P J, van de Giesen N C. 2013. Model reduction in model predictive control of combined water quantity and quality in open channels[J]. Environmental Modelling & Software, 42:72-87.

Yadav M, Wagener T, Gupta H. 2007. Regionalization of constraints on expected watershed response behavior for improved predictions in ungauged basins[J]. Advances in Water Resources, 30(8):1756-1774.

Yang J. 2011. Convergence and uncertainty analyses in Monte-Carlo based sensitivity analysis[J]. Environmental Modelling & Software, 26(4):444-457.

Yapo P O, Gupta H V, Sorooshian S. 1998. Multi-objective global optimization for hydrologic models[J]. Journal of Hydrology, 204(1-4):83-97.

Yu J J, Qin X S, Larsen O. 2015a. Uncertainty analysis of flood inundation modelling using GLUE with surrogate models in stochastic sampling[J]. Hydrological Processes, 29(6):1267-1279.

Yu J J, Qin X S, Larsen O. 2015b. Applying ANN emulators in uncertainty assessment of flood inundation modelling: a comparison of two surrogate schemes[J]. Hydrological Sciences Journal-Journal Des Sciences Hydrologiques, 60(12):2117-2131.

Zadeh L. 1963. Optimality and non-scalar-valued performance criteria[J]. IEEE Transactions on Automatic Control, 8(1):59-60.

Zhang X S, Srinivasan R, van Liew M. 2009. Approximating SWAT model using artificial neural network and support vector machine[J]. Journal of the American Water Resources Association, 45(2): 460-474.

Zhao L, Li Y Z, Zou R, et al. 2013. A three-dimensional water quality modeling approach for exploring the eutrophication responses to load reduction scenarios in Lake Yilong (China)[J]. Environmental Pollution, 177: 13-21.

Zhou J, Liang Z, Liu Y, et al. 2015. Six-decade temporal change and seasonal decomposition of climate variables in Lake Dianchi watershed (China): stable trend or abrupt shift?[J]. Theoretical and Applied Climatology, 119(1-2):181-191.

Zitzler E, Thiele L. 1999. Multiobjective evolutionary algorithms: a comparative case study and the strength Pareto approach[J]. IEEE Transactions on Evolutionary Computation, 3(4):257-271.

Zou R, Carter S, Shoemaker L, et al. 2006. Integrated hydrodynamic and water quality modeling system to support nutrient total maximum daily load development for Wissahickon Creek, Pennsylvania[J]. Journal of Environmental Engineering-ASCE, 132(4):555-566.

Zou R, Liu Y, Riverson J, et al. 2010. A nonlinearity interval mapping scheme for efficient waste load allocation simulation-optimization analysis[J]. Water Resources Research, 46(8): 2499-2505.

Zou R, Lung W S. 2004. Robust water quality model calibration using an alternating fitness genetic algorithm[J]. Journal of Environmental Engineering-ASCE, 6(130):471-479.

Zou R, Lung W S, Wu J. 2009. Multiple-pattern parameter identification and uncertainty analysis approach for water quality modeling[J]. Ecological Modelling,220(5):621-629.

Zou R, Lung W, Wu J. 2007. An adaptive neural network embedded genetic algorithm approach for inverse water quality modeling[J]. Water Resources Research, 43(8):W08427.

Zou R, Zhang X, Liu Y, et al. 2014. Uncertainty-based analysis on water quality response to water diversions for Lake Chenghai: a multiple-pattern inverse modeling approach[J]. Journal of Hydrology, 514:1-14.

附　　录

附录A　Morris 指数结果（样本数量为 40）

表 A.1　各因子 AVER Morris 指数 μ^*

参数	Chla	DO	TN	TP	参数	Chla	DO	TN	TP
Pc	29.19	0.87	0.62	0.02	SLP	5.77	0.09	0.18	0.02
Pd	4.87	0.12	0.05	0.01	KLN	0.03	0.02	0.02	0
Pg	18.22	0.75	0.35	0.03	KDN	0.26	0.10	0.41	0
Rc	16.38	0.39	0.22	0.02	KLP	6.31	0.19	0.13	0.01
Rd	2.50	0.05	0.05	0.01	KDP	0.47	0.02	0.01	0
Rg	9.75	0.39	0.23	0.03	KLC	0.27	0.15	0.02	0
Dc	10.69	0.08	0.17	0.01	KDC	0.87	0.12	0.03	0
Dd	0.87	0.02	0.01	0	KN	1.84	0.17	0.55	0.01
Dg	8.37	0.12	0.07	0	DOPTc	3.83	0.12	0.09	0
KEb	3.81	0.17	0.07	0.01	DOPTd	0.93	0.02	0.01	0
KEc	16.35	0.68	0.37	0.03	DOPTg	3.40	0.10	0.07	0.01
KHNc	0.40	0.08	0.14	0	TMp1	0.29	0.01	0	0
KHNd	0.02	0	0.01	0	TMp2	0.51	0.01	0.01	0
KHNg	0.23	0.03	0.08	0	KTG1c	3.55	0.13	0.04	0
KHPc	1.15	0.03	0.03	0	KTG2c	0	0	0	0
KHPd	0.42	0	0	0	KTG1d	0	0	0	0
KHPg	1.16	0.02	0.02	0	KTG2d	0.38	0.01	0	0
TMc1	13.88	0.42	0.23	0.01	KTG1g	1.34	0.05	0.01	0
TMc2	0	0	0	0	KTG2g	0.07	0	0	0
TMd1	0	0	0	0	CPprm1	34.37	0.95	0.69	0.06
TMd2	1.96	0.04	0.03	0	Wser	23.78	0.59	0.48	0.06
TMg1	4.75	0.18	0.04	0	C_N	2.34	0.19	0.07	0.01
TMg2	0.39	0.02	0.01	0	C_S	0.24	0.02	0.01	0
Sc	7.16	0.09	0.17	0.02	N_N	0.89	0.16	0.23	0
Sd	2.50	0.02	0.04	0	N_S	0.10	0.02	0.02	0
Sg	11.18	0.08	0.20	0.02	P_N	5.75	0.17	0.11	0.02
SRP	0.02	0	0.02	0	P_S	1.03	0.03	0.03	0

表 A.2　各因子 MAX Morris 指数 μ^*

参数	Chla	DO	TN	TP	参数	Chla	DO	TN	TP
Pc	79.06	3.47	1.46	0.06	SLP	10.83	0.23	0.36	0.04
Pd	3.44	0.10	0.07	0.01	KLN	0.10	0.02	0.02	0
Pg	51.63	2.40	0.78	0.05	KDN	0.76	0.08	0.60	0
Rc	39.05	1.64	0.53	0.05	KLP	12.71	0.50	0.27	0.03
Rd	1.85	0.05	0.05	0	KDP	1.12	0.06	0.02	0.01
Rg	29.38	1.48	0.42	0.06	KLC	0.38	0.26	0.03	0
Dc	26.55	0.39	0.37	0.02	KDC	2.53	0.07	0.11	0.01
Dd	0.97	0.02	0.02	0	KN	7.30	0.72	1.25	0.02
Dg	14.64	0.35	0.15	0.01	DOPTc	5.31	0.26	0.19	0.01
KEb	7.11	0.43	0.16	0.01	DOPTd	0.45	0.03	0.01	0
KEc	44.93	2.69	0.93	0.05	DOPTg	8.82	0.26	0.14	0.01
KHNc	1.59	0.26	0.37	0	TMp1	0.28	0.01	0.01	0
KHNd	0.08	0.01	0.01	0	TMp2	0.50	0.01	0.01	0
KHNg	1.11	0.14	0.17	0	KTG1c	2.62	0.13	0.07	0
KHPc	2.32	0.07	0.05	0	KTG2c	0	0	0	0
KHPd	0.22	0	0.01	0	KTG1d	0.02	0	0	0
KHPg	2.34	0.04	0.03	0	KTG2d	0.64	0.03	0.01	0
TMc1	19.98	0.85	0.44	0.01	KTG1g	0.59	0.01	0.01	0
TMc2	0	0	0	0	KTG2g	0.42	0.02	0.01	0
TMd1	0.02	0	0	0	CPprm1	70.90	2.94	1.46	0.11
TMd2	2.68	0.06	0.03	0	Wser	51.48	2.84	1.03	0.15
TMg1	0.97	0.04	0.04	0	C_N	5.33	0.11	0.21	0.02
TMg2	0.97	0.08	0.02	0	C_S	1.01	0.03	0.02	0
Sc	17.74	0.19	0.37	0.03	N_N	2.07	0.13	0.37	0.01
Sd	1.46	0.07	0.04	0	N_S	0.46	0.04	0.02	0
Sg	16.97	0.27	0.35	0.03	P_N	10.72	0.32	0.26	0.04
SRP	0.10	0	0.03	0	P_S	3.34	0.21	0.06	0.01

表 A.3　各因子 RMSE Morris 指数 μ^{*}

参数	Chla	DO	TN	TP	参数	Chla	DO	TN	TP
Pc	17.766	1.009	0.515	0.017	SLP	2.490	0.046	0.116	0.009
Pd	2.761	0.146	0.023	0.004	KLN	0.046	0.007	0.005	0
Pg	14.205	0.426	0.241	0.016	KDN	0.223	0.033	0.206	0.001
Rc	10.449	0.526	0.144	0.014	KLP	2.924	0.054	0.094	0.007
Rd	1.519	0.078	0.019	0.002	KDP	0.279	0.015	0.006	0.003
Rg	7.680	0.305	0.132	0.015	KLC	0.205	0.041	0.015	0
Dc	5.011	0.089	0.125	0.005	KDC	0.432	0.037	0.033	0.002
Dd	0.343	0.018	0.005	0.001	KN	1.020	0.178	0.453	0.004
Dg	3.712	0.085	0.041	0.003	DOPTc	2.025	0.136	0.067	0.002
KEb	1.848	0.121	0.057	0.003	DOPTd	0.570	0.019	0.004	0.001
KEc	8.721	0.675	0.324	0.013	DOPTg	2.122	0.076	0.039	0.004
KHNc	0.425	0.068	0.117	0.001	TMp1	0.111	0.007	0.002	0
KHNd	0.036	0.004	0.003	0	TMp2	0.280	0.010	0.002	0
KHNg	0.236	0.020	0.058	0	KTG1c	1.719	0.040	0.029	0.002
KHPc	0.651	0.023	0.019	0.001	KTG2c	0	0	0	0
KHPd	0.257	0.003	0.002	0	KTG1d	0.004	0	0	0
KHPg	0.530	0.009	0.013	0.001	KTG2d	0.248	0.005	0.003	0
TMc1	7.784	0.300	0.191	0.006	KTG1g	0.679	0.027	0.004	0
TMc2	0	0	0	0	KTG2g	0.067	0.003	0.003	0
TMd1	0.005	0	0	0	CPprm1	16.311	0.291	0.462	0.026
TMd2	1.192	0.047	0.009	0.001	Wser	9.485	0.412	0.360	0.035
TMg1	2.663	0.123	0.022	0.001	C_N	1.204	0.054	0.057	0.004
TMg2	0.183	0.013	0.009	0.001	C_S	0.171	0.010	0.008	0.001
Sc	3.475	0.048	0.112	0.008	N_N	0.450	0.059	0.082	0.001
Sd	1.178	0.036	0.014	0.002	N_S	0.058	0.010	0.009	0
Sg	4.559	0.058	0.119	0.007	P_N	2.659	0.050	0.081	0.008
SRP	0.020	0.001	0.010	0.001	P_S	0.528	0.019	0.021	0.003

表 A.4　各因子 RE Morris 指数 μ^*

参数	Chla	DO	TN	TP	参数	Chla	DO	TN	TP
Pc	0.155	0.084	0.206	0.089	SLP	0.021	0.005	0.045	0.047
Pd	0.036	0.021	0.010	0.031	KLN	0	0.001	0.002	0
Pg	0.114	0.043	0.096	0.079	KDN	0.002	0.003	0.088	0.003
Rc	0.088	0.044	0.063	0.071	KLP	0.026	0.006	0.038	0.033
Rd	0.018	0.010	0.009	0.018	KDP	0.002	0.001	0.002	0.014
Rg	0.060	0.028	0.054	0.074	KLC	0.002	0.003	0.004	0.002
Dc	0.041	0.008	0.050	0.026	KDC	0.003	0.006	0.013	0.008
Dd	0.005	0.002	0.002	0.006	KN	0.008	0.016	0.173	0.020
Dg	0.032	0.009	0.017	0.013	DOPTc	0.020	0.012	0.026	0.012
KEb	0.018	0.011	0.023	0.016	DOPTd	0.008	0.003	0.002	0.006
KEc	0.078	0.057	0.125	0.068	DOPTg	0.021	0.008	0.017	0.018
KHNc	0.003	0.005	0.045	0.006	TMp1	0.002	0.001	0.001	0.002
KHNd	0	0	0.002	0	TMp2	0.004	0.001	0.001	0.004
KHNg	0.002	0.002	0.023	0.002	KTG1c	0.016	0.005	0.012	0.009
KHPc	0.006	0.002	0.007	0.004	KTG2c	0	0	0	0
KHPd	0.003	0.001	0.001	0.003	KTG1d	0	0	0	0
KHPg	0.005	0.001	0.005	0.003	KTG2d	0.002	0.001	0.001	0.002
TMc1	0.071	0.027	0.076	0.031	KTG1g	0.006	0.003	0.002	0.003
TMc2	0	0	0	0	KTG2g	0.001	0	0.001	0.001
TMd1	0	0	0	0	CPprm1	0.138	0.027	0.182	0.130
TMd2	0.014	0.006	0.005	0.009	Wser	0.079	0.043	0.140	0.164
TMg1	0.022	0.013	0.010	0.008	C_N	0.010	0.005	0.022	0.018
TMg2	0.002	0.001	0.003	0.003	C_S	0.002	0.001	0.003	0.003
Sc	0.028	0.006	0.045	0.041	N_N	0.004	0.005	0.035	0.006
Sd	0.015	0.003	0.006	0.014	N_S	0.001	0.001	0.004	0.001
Sg	0.038	0.004	0.047	0.039	P_N	0.023	0.005	0.032	0.044
SRP	0	0	0.004	0.004	P_S	0.005	0.002	0.008	0.014

表 A.5　各因子 AVER Morris 指数 σ

参数	Chla	DO	TN	TP	参数	Chla	DO	TN	TP
Pc	29.993	1.101	0.679	0.032	SLP	2.719	0.099	0.100	0.006
Pd	4.069	0.179	0.065	0.005	KLN	0.032	0.006	0.008	0
Pg	26.017	1.187	0.567	0.032	KDN	0.175	0.042	0.151	0.001
Rc	17.531	0.543	0.330	0.020	KLP	2.916	0.107	0.088	0.005
Rd	1.788	0.078	0.036	0.002	KDP	0.257	0.015	0.005	0.003
Rg	15.701	0.861	0.274	0.032	KLC	0.163	0.049	0.019	0.001
Dc	8.812	0.106	0.155	0.008	KDC	0.481	0.062	0.033	0.001
Dd	1.209	0.037	0.015	0.002	KN	2.240	0.232	0.407	0.004
Dg	10.033	0.149	0.106	0.007	DOPTc	4.843	0.189	0.136	0.005
KEb	2.396	0.097	0.055	0.002	DOPTd	0.851	0.033	0.009	0.001
KEc	10.737	0.452	0.302	0.009	DOPTg	6.442	0.150	0.111	0.010
KHNc	0.539	0.086	0.158	0.002	TMp1	0.438	0.028	0.007	0.001
KHNd	0.026	0.004	0.010	0	TMp2	0.857	0.022	0.008	0.001
KHNg	0.361	0.047	0.117	0.001	KTG1c	3.817	0.165	0.058	0.004
KHPc	2.610	0.085	0.064	0.003	KTG2c	0	0	0	0
KHPd	0.754	0.004	0.007	0.001	KTG1d	0.003	0	0	0
KHPg	3.045	0.041	0.054	0.004	KTG2d	0.267	0.010	0.005	0.001
TMc1	12.865	0.487	0.308	0.014	KTG1g	1.654	0.068	0.017	0.001
TMc2	0	0	0	0	KTG2g	0.152	0.007	0.006	0
TMd1	0.002	0	0	0	CPprm1	15.156	0.572	0.401	0.013
TMd2	2.954	0.062	0.041	0.005	Wser	8.128	0.437	0.307	0.020
TMg1	4.975	0.226	0.077	0.004	C_N	0.891	0.049	0.059	0.002
TMg2	0.734	0.038	0.025	0.002	C_S	0.120	0.005	0.005	0
Sc	6.869	0.136	0.168	0.011	N_N	0.436	0.016	0.044	0.001
Sd	1.733	0.027	0.035	0.002	N_S	0.051	0.002	0.005	0
Sg	11.523	0.086	0.244	0.017	P_N	2.040	0.079	0.069	0.004
SRP	0.015	0.001	0.008	0.001	P_S	0.482	0.017	0.013	0.001

表 A.6　各因子 MAX Morris 指数 σ

参数	Chla	DO	TN	TP	参数	Chla	DO	TN	TP
Pc	83.733	3.776	1.586	0.072	SLP	5.279	0.236	0.200	0.011
Pd	5.135	0.211	0.081	0.007	KLN	0.262	0.041	0.024	0
Pg	77.289	3.995	1.311	0.063	KDN	1.059	0.115	0.265	0.002
Rc	43.951	2.206	0.836	0.046	KLP	6.323	0.320	0.180	0.010
Rd	2.798	0.119	0.048	0.003	KDP	1.110	0.096	0.015	0.004
Rg	48.655	2.709	0.598	0.064	KLC	0.702	0.166	0.041	0.002
Dc	20.897	0.442	0.341	0.017	KDC	1.824	0.104	0.093	0.003
Dd	1.201	0.084	0.020	0.002	KN	9.201	0.711	1.045	0.010
Dg	21.188	0.537	0.234	0.015	DOPTc	9.688	0.505	0.309	0.012
KEb	5.493	0.346	0.149	0.005	DOPTd	0.813	0.088	0.013	0.001
KEc	32.400	2.033	0.807	0.021	DOPTg	17.451	0.439	0.245	0.018
KHNc	2.075	0.261	0.419	0.005	TMp1	1.001	0.056	0.015	0.001
KHNd	0.257	0.026	0.012	0	TMp2	0.859	0.027	0.017	0.001
KHNg	2.086	0.214	0.307	0.003	KTG1c	3.983	0.213	0.105	0.006
KHPc	5.082	0.180	0.125	0.007	KTG2c	0	0	0	0
KHPd	0.533	0.019	0.012	0.001	KTG1d	0.026	0	0	0
KHPg	8.152	0.125	0.099	0.007	KTG2d	0.949	0.070	0.013	0.001
TMc1	25.740	1.151	0.640	0.022	KTG1g	1.105	0.037	0.029	0.002
TMc2	0	0	0	0	KTG2g	0.846	0.069	0.015	0.001
TMd1	0.029	0	0	0	CPprm1	35.906	2.017	0.922	0.025
TMd2	5.595	0.098	0.047	0.005	Wser	22.000	1.812	0.710	0.050
TMg1	1.928	0.127	0.093	0.004	C_N	2.131	0.152	0.153	0.005
TMg2	1.826	0.161	0.061	0.004	C_S	0.846	0.060	0.015	0.001
Sc	13.942	0.259	0.374	0.020	N_N	1.855	0.163	0.130	0.003
Sd	1.289	0.150	0.036	0.002	N_S	0.670	0.069	0.017	0.001
Sg	21.573	0.395	0.476	0.029	P_N	4.598	0.224	0.162	0.008
SRP	0.299	0.019	0.017	0.001	P_S	2.075	0.177	0.037	0.002

表 A.7　各因子 RMSE Morris 指数 σ

参数	Chla	DO	TN	TP	参数	Chla	DO	TN	TP
Pc	26.976	1.012	0.796	0.027	SLP	2.815	0.057	0.147	0.011
Pd	2.511	0.225	0.039	0.003	KLN	0.064	0.009	0.006	0
Pg	26.016	0.773	0.585	0.030	KDN	0.327	0.043	0.268	0.001
Rc	15.820	0.507	0.273	0.019	KLP	3.059	0.066	0.124	0.008
Rd	1.314	0.079	0.026	0.002	KDP	0.370	0.023	0.008	0.003
Rg	15.747	0.500	0.230	0.029	KLC	0.135	0.051	0.018	0
Dc	6.736	0.109	0.186	0.008	KDC	0.567	0.050	0.044	0.002
Dd	0.444	0.032	0.008	0.001	KN	1.365	0.150	0.624	0.005
Dg	6.418	0.142	0.088	0.005	DOPTc	3.107	0.223	0.140	0.004
KEb	2.497	0.097	0.079	0.004	DOPTd	0.501	0.020	0.006	0.001
KEc	11.642	0.437	0.465	0.015	DOPTg	3.406	0.148	0.087	0.007
KHNc	0.701	0.074	0.203	0.002	TMp1	0.142	0.015	0.005	0
KHNd	0.069	0.009	0.004	0	TMp2	0.394	0.020	0.004	0.001
KHNg	0.413	0.042	0.135	0.001	KTG1c	2.892	0.062	0.057	0.003
KHPc	1.381	0.070	0.062	0.003	KTG2c	0	0	0	0
KHPd	0.495	0.008	0.004	0.001	KTG1d	0.007	0	0	0
KHPg	1.633	0.024	0.038	0.002	KTG2d	0.252	0.008	0.005	0.001
TMc1	11.638	0.383	0.360	0.009	KTG1g	1.272	0.044	0.015	0.001
TMc2	0	0	0	0	KTG2g	0.170	0.007	0.008	0
TMd1	0.007	0.001	0	0	CPprm1	16.664	0.357	0.592	0.030
TMd2	1.318	0.081	0.014	0.002	Wser	10.613	0.318	0.475	0.039
TMg1	4.749	0.200	0.068	0.002	C_N	1.242	0.055	0.079	0.005
TMg2	0.376	0.028	0.034	0.002	C_S	0.246	0.012	0.009	0.001
Sc	4.656	0.069	0.193	0.010	N_N	0.595	0.050	0.103	0.001
Sd	1.094	0.024	0.023	0.002	N_S	0.096	0.013	0.011	0
Sg	6.696	0.087	0.250	0.011	P_N	2.470	0.062	0.104	0.010
SRP	0.030	0.002	0.012	0.001	P_S	0.620	0.023	0.024	0.003

表 A.8　各因子 RE Morris 指数 σ

参数	Chla	DO	TN	TP	参数	Chla	DO	TN	TP
Pc	0.231	0.092	0.295	0.143	SLP	0.021	0.006	0.050	0.057
Pd	0.033	0.026	0.019	0.021	KLN	0.001	0.001	0.002	0
Pg	0.187	0.071	0.198	0.147	KDN	0.003	0.003	0.107	0.003
Rc	0.133	0.046	0.100	0.098	KLP	0.025	0.007	0.045	0.038
Rd	0.016	0.010	0.012	0.012	KDP	0.003	0.002	0.003	0.018
Rg	0.114	0.045	0.088	0.142	KLC	0.002	0.004	0.005	0.002
Dc	0.055	0.011	0.065	0.038	KDC	0.004	0.008	0.015	0.010
Dd	0.007	0.003	0.003	0.004	KN	0.010	0.013	0.207	0.024
Dg	0.049	0.016	0.032	0.022	DOPTc	0.027	0.018	0.047	0.021
KEb	0.024	0.008	0.028	0.020	DOPTd	0.007	0.003	0.003	0.005
KEc	0.098	0.035	0.154	0.078	DOPTg	0.036	0.013	0.032	0.030
KHNc	0.005	0.006	0.067	0.008	TMp1	0.003	0.001	0.002	0.002
KHNd	0	0.001	0.002	0	TMp2	0.005	0.003	0.002	0.005
KHNg	0.004	0.003	0.047	0.005	KTG1c	0.025	0.007	0.025	0.016
KHPc	0.012	0.008	0.020	0.014	KTG2c	0	0	0	0
KHPd	0.006	0.001	0.002	0.005	KTG1d	0	0	0	0
KHPg	0.011	0.002	0.013	0.008	KTG2d	0.003	0.001	0.002	0.003
TMc1	0.103	0.037	0.136	0.048	KTG1g	0.007	0.005	0.007	0.005
TMc2	0	0	0	0	KTG2g	0.001	0.001	0.003	0.002
TMd1	0	0	0	0	CPprm1	0.127	0.034	0.210	0.157
TMd2	0.016	0.010	0.007	0.016	Wser	0.088	0.033	0.166	0.195
TMg1	0.032	0.020	0.031	0.012	C_N	0.009	0.006	0.026	0.023
TMg2	0.004	0.002	0.011	0.008	C_S	0.002	0.001	0.003	0.004
Sc	0.036	0.009	0.066	0.053	N_N	0.005	0.005	0.040	0.006
Sd	0.014	0.002	0.010	0.013	N_S	0.001	0.001	0.004	0.001
Sg	0.053	0.007	0.089	0.060	P_N	0.020	0.006	0.038	0.050
SRP	0	0	0.005	0.005	P_S	0.005	0.003	0.008	0.015

附录 B 可行区间不同方法筛选结果对比

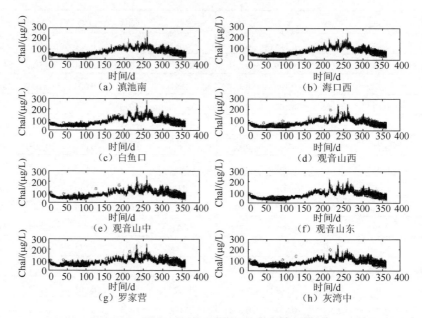

图 B.1 Chla 可行样本模拟值与实测值对比图

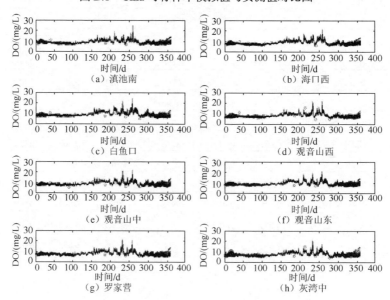

图 B.2 DO 可行样本模拟值与实测值对比图

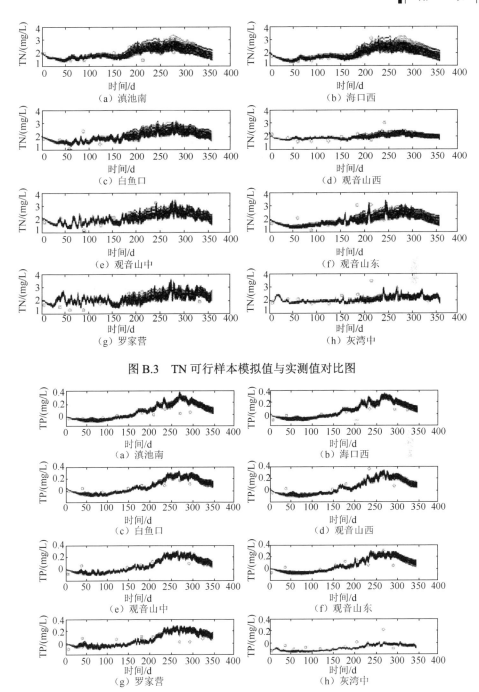

图 B.3 TN 可行样本模拟值与实测值对比图

图 B.4 TP 可行样本模拟值与实测值对比图

附录 C　Morris 样本生成 python 程序

```
#This is to generate morris samples and make the input file for efdc
#Please download Sensitivity Analysis Library in Python (SALib,
https://github.com/jdherman/SALib) python package first.


from string import Template
import numpy as np

# Read the parameter range file and generate samples
param_file = './para_range_20.txt'

# Generate samples
param_values = morris_oat.sample(40, param_file, num_levels=20,
grid_jump=2)  #(40, param_file, num_levels=20, grid_jump=2)

# Save the parameter values in a file (they are needed in the
analysis)
np.savetxt('model_input_2040.txt', param_values, delimiter=' ')

N = param_values.shape[0]
D = param_values.shape[1]
param_names
['Pc','Pd','Pg','Rc','Rd','Rg','Dc','Dd','Dg','KEb','KEc','KHNc','KH
Nd','KHNg','KHPc','KHPd','KHPg',\
    'TMc1','TMc2','TMd1','TMd2','TMg1','TMg2','Sc','Sd','Sg','SRP',
'SLP','KLN','KDN','KLP','KDP','KLC','KDC','KN',\
    'DOPTc','DOPTd','DOPTg','TMp1','TMp2','KTG1c','KTG2c','KTG1d','
KTG2d','KTG1g','KTG2g',\
    'CPprm1','Wser','C_N','C_S','N_N','N_S','P_N','P_S']

with open('./WQ3DWC_template.INP', 'r') as T:
  template_1 = Template(T.read())
with open('./WSER_template.INP', 'r') as T:
  template_2 = Template(T.read())
with open('./CONC_ADJUST_template.INP', 'r') as T:
  template_3 = Template(T.read())
```

```
d = {}
for i in range(N):
  for j in range(D):
    d[param_names[j]] = '%.4f' % param_values[i,j]

  s1 = template_1.safe_substitute(d)
  s2 = template_2.safe_substitute(d)
  s3 = template_3.safe_substitute(d)

  with open('./WQ3DWC/WQ3DWC_' + str(i) + '.INP', 'w') as f1:
    f1.write(s1)
  with open('./WSER/WSER_' + str(i) + '.INP', 'w') as f2:
    f2.write(s2)
  with open('./CONC_ADJUST/CONC_ADJUST_' + str(i) + '.INP', 'w')
as f3:
    f3.write(s3)
```

致　谢

本书从开始撰写到最后出版得到了许多良师益友的帮助，在这里对给予作者指导、帮助、支持的各位表示衷心的感谢!

感谢康奈尔大学 Patrick M. Reed 教授、Peter Loucks 教授、加州大学戴维斯分校 Jon Herman 博士对本书作者在方法和程序上给予的指导。特别感谢 Patrick M. Reed 教授共享高性能计算机供作者完成所有计算。感谢美国 Tetra Tech 邹锐博士对本书框架提供的思路和帮助。感谢北京大学刘永研究员为本书的撰写和修订提供的帮助。感谢张天柱教授（清华大学）、李丽娟教授（中国科学院地理科学与资源研究所）、陈冰教授（加拿大纪念大学）、孙德智教授（北京林业大学）、王奇副教授（北京大学）、梅凤乔副教授（北京大学）、高伟博士（云南大学）对本书的内容提出的建议。感谢董飞飞、代超、李玉照、苏晗、梁中耀、陆文涛对本书的完成提供的帮助。

作　者

2017 年 1 月 19 日于燕园

彩　图

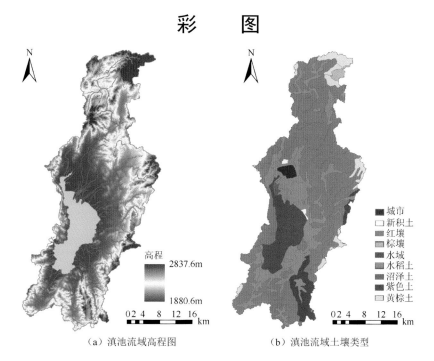

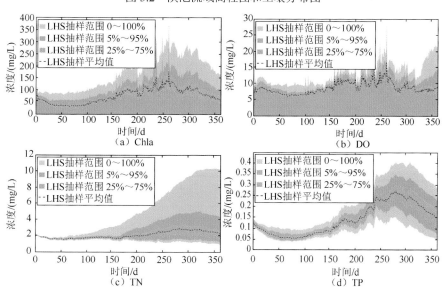

（a）滇池流域高程图　　　　　　　（b）滇池流域土壤类型

图 3.2　滇池流域高程图和土壤分布图

图 4.4　EFDC 模型参数蒙特卡罗模拟整体趋势带输出

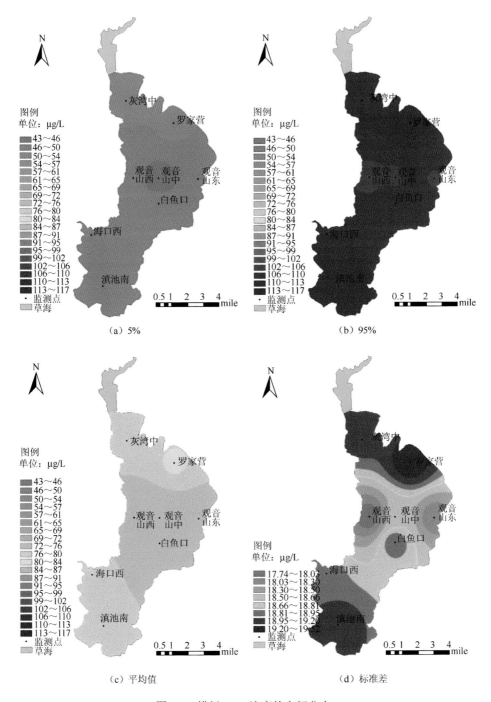

图 4.5　模拟 Chla 浓度的空间分布

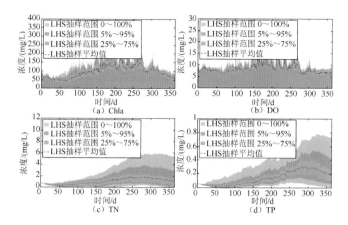

图 4.16　EFDC 模型外部驱动力蒙特卡罗模拟整体趋势带输出

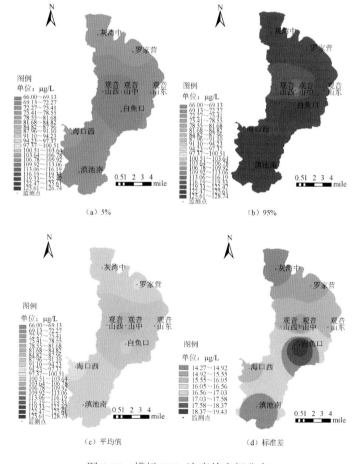

图 4.17　模拟 Chla 浓度的空间分布

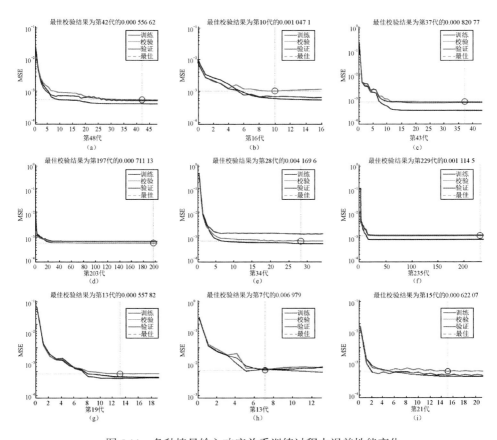

图 5.11　各种情景输入响应关系训练过程中误差性能变化

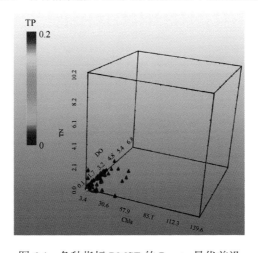

图 6.4　各种指标 RMSE 的 Pareto 最优前沿

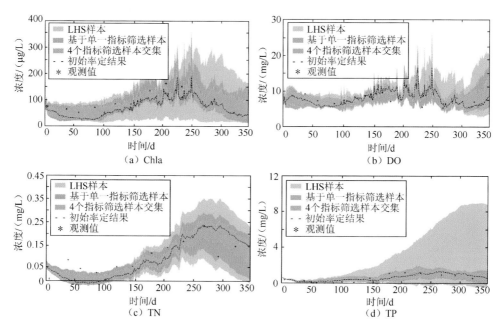

图 6.8　全局样本、单指标和多指标筛选分布对比

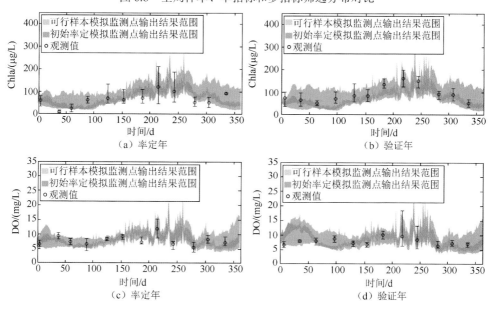

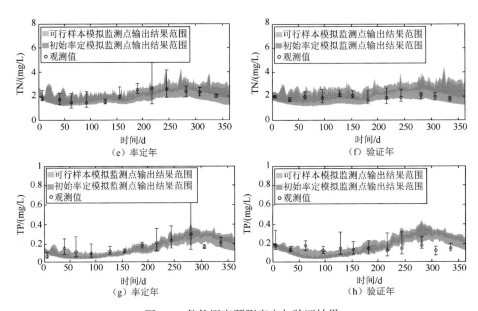

图 6.9　条件概率预测率定与验证结果

取值上、下界代表 8 个监测点的最大值和最小值

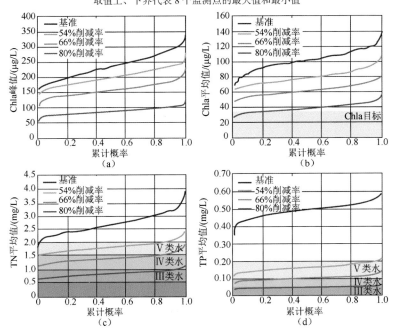

图 6.12　各削减情景下实现水质目标的可能性评价

不同颜色的线代表不同情景下的累计概率分布曲线，灰色为各水质指标削减目标，

从深到浅依次为Ⅲ类、Ⅳ类和Ⅴ类水，Chla 目标设为 35μg/L